翻轉學

翻轉學

ビシッと言っても部下がついてくるできる上司の叱り方

好主管一定要學會
責罵的技術

主管這樣罵人，部屬感激你一輩子

帶著感情罵人，
成為值得追隨一輩子的
人氣上司

畅銷
新裝版

嶋田有孝——著　張婷婷——譯

Contents 目錄

序章

好主管得先了解「責罵的本質」

該說的就要嚴格說出口，這本來就是主管的天命

第 **2** 章

被罵部屬的心情，主管一定要能懂

找藉口的部屬、會反抗的部屬、逃避的部屬，該怎麼責罵？

推薦序

願意說重話的主管，才是你的貴人

—— 謝文憲，兩岸知名企管講師、商周專欄作家

主管的責任：「管理、教育、支持」三事而已。然而這種胡蘿蔔與棍子交替運用的角色，有人終其一生努力學習，有人望之卻步。

在管理的行為中，主管大多扮演黑臉或不討好的工作，部屬喜歡你也好，不喜歡你也罷，恩威並施，**鼓勵與責罵交互運用**，成為主管每日工作項目中，喜歡或是不喜歡都要做的事。然而難就難在該如何責罵，部屬會欣然接受，主管自己也能扮演好管理者的角色，這就是件終其一生需要努力的事，本書提供你在管理工作上的最佳解藥。

▼ 帶著情感的責備，部屬一生難忘

我在職業生涯中遇見許多願意責罵我，讓我現在感激不已的好主管。我在房仲業的第二年，因為很早就晉升主任經紀人，少年得志加上自以為是，很快的，晉升後第一季的業績就迅速下滑，降級之後我自暴自棄，不僅客戶維繫未能跟上腳步，連基本功都荒廢長草。

店長與我單獨在會議室裡的一席談話，**責備加上關懷**，終於讓我的情緒潰堤；會後店長拿出一罐冰的純喫茶，要我擦乾眼淚的畫面，讓我久久無法忘懷，職場歷練二十餘年的我，視店長的責備為一劑激勵的強心針。

在外商擔任業務主管時，我的老闆是澳洲人，他不苟言笑、實事求是的態度，是我學習國際化企業經營的最佳身教。有一回我在客戶經營上犯了大錯，或許說是大忌吧，他在遙遠電話那頭，用英文責備我的經典畫面，就算已經事

隔十多年，我還清楚記得他說：「誠信，才是客戶關係的首要工作」，他全程用英文責備我，我聽來就像中文一樣刻骨銘心，當然也奠定我在未來B2B客戶經營上的重要學習。

▼ 讓部屬從錯誤中學習成長，是主管的首要工作

我自己很常用「三明治責備法」面對我的部屬，三明治顧名思義，就是「先讚美，再針對問題責備，然後安撫鼓勵員工」的一種技術，書中教了六十五種責備的技術，熟悉其中絕妙之處，用對方法，不用擔心得罪部屬，部屬也會感激你一輩子的。

本書詳細為主管們剖析責備的時機、順序與技巧，除了身為主管者應該要看，建議所有的上班族也應好好閱讀，不僅對於職場工作有莫大幫助，對於教育小孩也有異曲同工之妙。

「責備的技術」雖然與霹靂手段不盡相同，但它肯定是主管菩薩心腸的最佳寫照與詮釋。能放下「是否會被討厭」的顧慮，在該指正部屬時挺身而出，這才是一位懂得帶人的好主管。

罵人的技巧，是主管必備的能力

「只憑自己的感覺發怒罵人很簡單，這種事誰都能輕易做到。然而，如果是要『有計畫』的生氣，即針對適當的對象，選對好的時機，為了正當的目的，用正確的方法，就不是件容易的事，也並非每個人都有辦法做到。」這是古希臘哲學家亞里斯多德的話。兩千多年前，世界的領導者就已經在腦子裡煩惱著「該怎麼罵人」了。

對一個管理者而言，在職場上總會面臨需要責罵部屬的時候，然而這對許多人來說卻很不容易。

「因為擔心破壞人際關係，所以不敢罵人。」

「我總是沒辦法冷靜下來，最後都讓責罵流於情緒化。」

「開口罵了，然而他惱羞成怒，讓我不知道該怎麼辦才好。」

此外，更有不少人則是不了解責罵的本質，誤以為責罵就是在懲罰對方，責罵就是要怪罪對方，要他反省。

我想對於主管們來說，諸如此類的煩惱應該很多吧！

在以主管為對象的研習課程上，你問他們有什麼要求與最需要學習的地方，「請教教我該怎麼責罵部屬的方法吧」占了很高的比率，就是有這麼多的主管在煩惱「如何責罵部屬」。

過去我曾以「為什麼你們不敢責罵部屬呢？」做過問卷調查，對象是企業界的管理幹部，結果出現比率最高的答案是「擔心打壞和部屬的關係」，這部分占了三六‧九％，是壓倒性的第一名。

具體的回答有：「害怕傷害了對方，使得他失去工作士氣而一蹶不振」；「擔心惡言相向而讓部屬討厭自己」；「擔心和部屬之間的人際關係會搞得很彆扭，最後相處起來很困難」。

名列第二的是「沒有自信」，這部分占了二四‧三％。他們也列舉了許多因素，例如：「自己也並非任何事情都能搞定，實在沒理由若無其事地責罵別人」；「沒有信心自己的意見一定正確」；「我的實力還不足以罵人」等。

排行第三的是「不知道該怎麼罵」，占了一七‧一％。具體而言的有「不知該怎麼開罵才好，根本不得其門而入」；「不知道什麼時候才適當，我總是錯過開口罵人的最佳時機」；「罵完之後無法收拾」等。

除了適才提及的前三名，其他還有「光做好自己的事就已經精疲力盡了，實在沒有多餘的心力關照部屬的問題」；「被責罵的人頂嘴時，害怕自己下不了台」；「想用讚美的方式培植部屬」等。

回頭想想，商業人士並沒有系統化學習如何責罵他人的機會，**大多數都是以自己過去在職場或家庭中受到責罵的經驗為藍本**，以此用來責罵自己的部屬，也因為都是自己土法煉鋼的方式，不順利、受挫折是必然的結果，並且在經歷幾次失敗後，開始對於責罵別人這件事失去了信心，覺得自己做不到、不

擅長。

主管要想能正確地要求與責罵部屬，必須跨越三個門檻。

首先就是確實了解責罵的本質。責罵並不是一種傷害部屬的作為，而是促使部屬有成長的機會，也是為了部屬好。唯有正確理解「責罵」這個行為本質，才是真正學會責罵的第一步。

第二個門檻是要擁有責罵他人的勇氣。想要八面玲瓏處處討好別人的主管是無法責罵部屬的，即便對部屬有感情，也要抱持就算被討厭也沒關係的覺悟。對自己扮演的角色與責任有自覺，並與部屬保持一定的距離才能有效的做好責罵和要求。

第三個門檻是學習正確責罵的要點。在罵人時，倘若只是貿然地憤怒亂吼一通，對方一定無法接受、也聽不進去。如果對方不能承認自己的過失，也不認真尋求改進，那麼就算你一天罵上幾十回，也沒有任何意義。

不諱言地，我們雖然必須顧慮被罵者的心情，但也不能因此而模糊了焦

　前言　罵人的技巧，是主管必備的能力

點，重要的是要能使用正確的責罵方法。

「責罵」是有訣竅的，只要掌握幾個要點，你就可以學到把想法傳達給對方的責罵方式。

在本書中，我們將分為五個章節循序說明，幫助讀者了解責罵的本質、擁有責罵的勇氣，和學習正確的責罵方法。只要能跨越這三個門檻，任何人都將能夠學會有效與正確的責罵。

每個人都是一塊尚待琢磨的璞玉，只要經過好的工法就能夠發出光芒，否則仍舊只是一塊石頭。想一想，好好地磨練部屬，是誰的工作？當然是主管的工作。

有些時候你要**教導**，有些時候你應該給予**讚美**，有些時候你就必須透過**責罵**，慢慢地磨練部屬。

我擔任管理職已經超過二十年了，然而時至今日依然還在煩惱該怎麼責罵部屬。記得剛接任主管職的時候，自己也曾經有一段時期，擔心被討厭而不敢

責罵部屬，後來我也只懂得怒氣沖沖地破口痛罵，還有一段期間，我面臨無論怎麼罵也改變不了部屬，當時真不知道該如何是好。在本書中，我也會提出過去曾遭遇失敗挫折的實例。

這條帶人之路，我繞了好遠才找回正途，如今回頭想想，倘若當初能早一點學會正確的責罵技巧，自己也就無須如此痛苦了。

身為本書的作者，我很希望可以幫助那些正在為了該怎麼指導部屬而感到苦惱的主管，讓他們能夠藉由了解我失敗的過程而得以避開遠路，更早學會「責罵的技術」。

接下來，就讓我帶著你們開始學習責罵的對策吧！

　前言　罵人的技巧，是主管必備的能力

序章

好主管得先了解
「責罵的本質」

該說的就要嚴格說出口，
這本來就是主管的天命。

不敢責罵，是主管自私的表現

無論是哪一家公司，必然有不會罵部屬的主管，他們絕大部分都會被身邊的人們認為「為人真體貼」，而這所謂的體貼也成了他們的隱身衣。因為那並不是真正的體貼，而是一種懦弱，也是天真的表現。

翻查字典後發現，「體貼」的意思是「為他人著想，感情豐富」。很明顯地，並不是對旁人百依百順，更不是縱容放任。體貼真正的涵意應該是「為對方著想」。

「如此責罵，會不會對他造成傷害啊，這樣實在太可憐了。」在我剛剛當上管理職的時候，就曾有過這種誤解。其實，放任部屬的缺點不加以糾正，不讓他有改過遷善的機會，那才是真正悲慘的事。

「當對方犯錯的時候，不會放水，而是明白的指點與糾正」，這才是真正

的體貼。倘若不這麼做，部屬將永遠無法發現自己的不足，一直再犯同樣的錯誤。這種假體貼，是無法幫助對方成長的。

「我的職責不是對員工放任，而是要提高他們的能力。」[1] 這是蘋果電腦創辦人史蒂夫・賈伯斯所說的，他也締造出世界頂尖的卓越企業。

真正的體貼有時是很嚴格的。如果工作上有問題，就該毫不留情的斥責，這才是身為主管真正的體貼。無法責罵部屬的主管，其實是一種自私，以自我為中心的表現，因為他體貼的是自己，希望藉此為自己博得「體貼」的讚譽，而不是真心體貼部屬，希望他們可以變得更好。

所以，對於一個完全不責罵他人的主管，給予「他真是個體貼的人」這樣的評價，絕對是錯誤的。「他是個自私自利的傢伙，根本不懂得什麼叫體貼」，這麼說才是正確的。

Point

「該罵的時候就得罵」，這才是主管對部屬真正的體貼。

1 出自《I, Steve. Steve Jobs in His Words》，Geroge Beahm編著；竹內一正監譯／解說。

會讚美，懂得責罵，才是好主管

我曾聽過有些領導人認為，罵人就是責難，是傷害部屬的一種行為——這絕對是百分百的誤解。

「罵」這個字在日文的原意是：「仔細確認狀況後告訴對方，並大聲地激勵對方，使其奮起」。所以責罵是**確認**應有的理想結果和實際現狀之間的差距，然後**告訴對方**、**激勵對方**，令對方**改善**。

一般來說，主管給部屬的回饋有兩種。其一是肯定對方，給對方自信和勇氣的**正向回饋**，也就是所謂的「讚美」；另一個是否定對方，要求對方反省和改善的**負面回饋**，也就是「責罵」。乍看之下這兩者似乎是背道而馳，完全相反的事，不過無論是前者或是後者，其**目標都是一致的**——希望能夠促使部屬成長。

所以，好的主管會藉由責罵指出部屬沒能做好的部分，使其往正確的方向與態度接近。換言之，就是給予部屬的「改善提案」，是一種讓部屬獲得成長的教導說明。如果我們是以這種概念來思考的話，責罵就不是什麼傷害部屬的行為了。

話雖如此，那又為什麼會覺得責罵是一種傷害呢？原因就在於對方覺得難過與痛苦。然而那樣的疼痛、難受感，和傷口消毒或者是受傷時的塗藥所感受的不舒服是一樣的。如果因為擔心對方不能忍受疼痛，而不給予治療，那麼傷口又怎能痊癒呢？要治好問題首先就必須能夠克服疼痛，這對部屬而言絕對有極大的益處。

「責罵，是一種為部屬著想的作為」，打從心底理解、認定這一點，是學會責罵的第一步。

責罵目的只有一個——為了讓部屬成長。

03

不責罵，部屬不會進步

一般來說，人的進步過程會經歷三個階段。

第一個階段是「察覺」，這是一個會找出自己有哪些地方做得不夠，做得不好的階段；第二個階段是「反省」，在這個階段人們會回顧過去的行動，承認自己的過錯；第三個階段是「改善」，此時人們會開始有作為，進行錯誤的修正，開始讓自己變得越來越好。

如果連自己哪裡沒做好都一無所悉，又怎麼可能會反省，更遑論改善了。

「察覺」可說是所有成長的第一步。

察覺自己的錯誤或不足之處，若無法自發的覺醒，就必須仰賴別人的從旁指點。例如客訴，對公司而言就是一種察覺問題的契機。經由顧客的指責，就有機會理解自己品質或服務的缺失，才能加以改進。

責罵，其實也有同樣的效果。

很多時候，人們總會自我感覺良好，給予自己過高的評價，甚難發現自己的缺點或者該如何做得更好，藉由第三者的斥責，就能明瞭自己有哪些問題應該要改善。

主管的責罵就是明確並清楚地給予部屬察覺自我錯誤的機會，得知有哪個部分沒有做好，就能夠以此為起點，開始反省、改進。面對部屬的錯誤，主管若是沒有加以斥責而予以放水，就等同剝奪了他們察覺錯誤的機會，結果只會使部屬喪失成長的契機。

「讓你的部屬有機會站在成長的起跑點！」這就是責罵的本質。

Point

主管的責罵，能讓部屬發現自己的不足，才有成長的可能。

讚美和斥責，是一體兩面

「我要用讚美來栽培部屬。」

「我要讓部屬盡情發揮自己的長處。」

在我剛當上主管職的前幾年，一直都把這些話當作藉口，從沒有責罵過部屬。然而背後真正的原因並非是這樣，只是害怕被部屬討厭，怕自己沒人緣，才不敢責罵他們。

當你坐上公司的管理職位，無論「讚美」或「斥責」，都是關心部屬的作為，其目的無非是關心他們的成長，因此給予回饋，這兩者彼此互為表裡，核心概念都是相同的。

如今回想起來，當時的我對於部屬的讚美，並不能說是真的發自內心，或許比較像是討好、迎合，只因為我不希望被討厭，於是就自己往部屬靠攏。

拿健康檢查或斷層掃描當作比方好了，如果無法同時指出好的部分和壞的部分，那就一點意義都沒有。

「你這個部分沒有問題喔。」像這樣只告訴我們「哪裡沒問題」，其實並沒有太大的意義。因為除了知道身體哪裡是正常，我們更應該要清楚，跟正常狀況、健康狀況相較之下，哪些地方有問題，嚴重程度如何。唯有指出有問題的部分，我們才能夠改變生活習慣，或接受藥物治療，往健康的目標前進。

即便安排了健康檢查，卻只告訴你「身體正常良好」的部分，完全不透露你哪邊出了狀況，有了毛病，隱瞞你真的應該要治療的地方，面對這樣的醫生，你會有什麼感覺？不責罵部屬的主管，不就等於是這樣的庸醫嗎？

不要只會一味地稱讚你的部屬，如果有不對的地方，就率直的說出來。讚美與責罵，是一體兩面的，同時妥善運用兩者，你才會是一個稱職的管理者。

Point

好主管必須能兼顧平衡讚美與責罵。

讚美和責罵一起說，效果驚人

藉由主管的讚美或責罵，還能對部屬產生三種作用。

第一個作用就是**栽培部屬**。當主管讚美部屬做得好的部分，他們就會受到激勵而產生強化作用；當主管運用好的責罵技巧，讓部屬清楚明白自己不足之處時，他們也會努力地加以改善，這兩者都是成長的動力來源。

第二個作用就是增進部屬的**積極工作意願**。透過讚美與責罵，給予部屬一個「只要你願意，就一定能做到」的自信心，如此一來將可以提高他們工作的積極態度。

第三個作用，就是公司規範或**價值觀的傳達**。運用有效的讚美和責罵，便能夠把組織規則和主管的價值觀，適當的傳達給部屬。

做得好就讚美，穩固並強化良善的作為；相反地，做得差就要責罵，杜絕

這樣的行為重複發生，如此一來，組織的規則和價值觀就會逐漸傳達到整個團隊當中。

我想許多人都知道，只有當正極和負極接在一起時，電池才有辦法產生電力，對部屬的指導也是如此。

如果只是一味地給予讚美，那麼部屬便會漸漸地鬆散，一個沒能上緊發條的組織，必然無法成長。反過來說，倘若只知道喝斥責罵，部屬也會變得畏畏縮縮，又怎麼可能成長呢？如同電池一樣，唯有當「讚美」與「責罵」串接起來之後，才能產生指導部屬的功效。

當以下的循環經過一輪後，部屬必然會學到，「受到責罵，是一個讓自己有所成長的契機」。

責罵➡發現缺點➡反省➡改善➡被讚美➡有了自信。

即便是微不足道的小事，當部屬被責罵後有所改善，都應該不吝嗇地給予讚美。如此一來，從被責罵開始的一連串行動，對部屬來說都會是一個成功的

體驗，他們也會因此產生自信心。反覆幾次後，部屬自然不會再抗拒主管的責罵了。

運用讚美和責罵，你可以順利地培育部屬，提高他們的積極意願，並且把價值觀傳達到組織團隊之中。這兩者缺一不可，只有在並用時，才有辦法發揮功效。

倘若真的想要好好的栽培部屬，就請你用心的讚美，用力的責罵。

Point

只要把責罵與讚美串接起來，部屬才不會抗拒。

06

不責罵的弊害，超乎想像

前面我提及，責罵是幫助部屬察覺自我不足的機會，如果在需要時主管不加以指責，對方無法發現自己的缺點，也就無法加以改進。「不責罵」的問題不僅如此，甚至還會有其他的弊害產生。接下來，我就和大家分享一則自己過去失敗的真實案例。

某一天，我的部屬違反了公司內部規定，把自己的頭髮染成了褐色。然而，我並沒有警告他，只因為我缺乏責罵人的勇氣。於是，這件事成了組織內部紊亂的開端。

這名部屬原本的人緣就不太好，對他的批評聲浪四處可聞，而且都集中在「大家都礙於公司規定，強忍著不敢去染髮，憑什麼只有他可以，實在太沒有道理了吧」。

內部氣氛一下子變得很糟，團隊工作也越來越混亂。

緊接著，大家就開始質疑我的領導力。他們在背後批評我：「為什麼嶋田先生如此放任，都不警告他呢？」大家對我的領導能力嗤之以鼻。

後來我更因此失去了客戶對公司的信賴，有個客戶當著我的面說：「他的頭髮是怎麼回事？你們公司什麼時候變成演藝公司了？」

大約經過兩星期之後，我才終於無法忍受這一切，開口責罵了那位部屬。

然而所有同事早已對他相當不滿，根本沒有什麼好話可說，他發現自己在整個團隊裡是被孤立的，而且也因為沒有任何人提醒，使他最後受到更大傷害，就因為我沒有及時的加以責罵。

整起事件的肇因，**只因為主管逃避了應盡的責任，對問題視而不見，沒對部屬加以斥責**，其結果所產生的弊害實在超乎想像的多。

首先，主管本人會因為沒有盡到責罵對方的責任，使得自己的領導力受到質疑，也失去團隊夥伴的信任。其次是違反規定的部屬無法改善，還因此被討

厭而受到傷害，以及公司內部人際關係產生混亂，團隊工作受到不良的影響。

更不幸的是，因此降低了顧客對公司的信賴程度。

不責罵部屬的弊害，會出乎你意料得大。

Point

不責罵，對缺失視而不見，只會讓問題越滾越大。

帶著感情責罵，一定會得到感激

現在回想起來，過去我之所以沒能責罵部屬，「自私地為自己著想」的成分大過於「為部屬著想的念頭」，比起「希望讓部屬成長」，我「不願意被人討厭」的想法強烈許多。

當部屬違反公司的管理規定，隨便辦事、過於馬虎的時候，能否毫不猶豫予以嚴厲呵責要求，端看你的內在感情朝著哪個方向來想。

假如愛自己更勝於部屬的話，你就會自私地選擇不出聲責罵，讓自己扮演一個爛好人，用此來博取部屬的好感。然而像這種以自我為中心的考量，久而久之別人一定會看穿。

相反地，如果能以部屬為優先考量而不是為自己，這樣的主管就會開口要求部屬。之所以能做到這點，是因為在他內心確信：「這都是為了他好，希望

他能夠改善成長，就算我被討厭也是值得的。」唯有抱持這樣的信念，主管才有辦法做好責罵的工作。

倘若只知用摸摸頭的溫柔態度來對待部屬，忽視他錯誤的行為，沒做到該做的處理，這種方式絕對不是「愛部屬」，而是「害部屬」。當部屬提出百般藉口與推諉地說：「那我也沒辦法啊」，主管卻還縱容忍耐的話，就是沒有盡到身為一個主管職該有的責任，只是阻礙部屬的成長，妨礙組織長遠發展。

天台宗[2]有一句教誨名語：「忘己利他」，這句話是出自於最澄上人曾經所說：「忘己而利他乃慈悲之極。」身為公司的管理幹部，考量事情的出發點不應該只關心自己的利害關係，而責罵部屬就是一種忘己利他，有利部屬的行為之一。

「幫助你獨當一面，這是我最希望做到的事。」

「我衷心盼望自己能夠幫助你持續成長，直到成為一個成功的人。」

責罵、要求部屬時，最重要的是必須帶著感情指責，你的出發點是為了部

2 天台宗，始於中國魏晉南北朝末期，西元九世紀初由日本僧人最澄東傳至日本，現為日本佛教一個很重要的宗派。

屬好，唯有在這樣的心情下，才有辦法做好責罵的工作。

當你對部屬、對工作的感情，超越了為自己著想的心情時，你就能夠脫胎換骨，從一位「無法責罵部屬」的爛好人主管，轉變為一個受人敬重與感激的好主管。

責罵是忘己利他，是為部屬謀利的作為。

從長遠來看，責罵絕對是有益的

「斥責只會讓部屬感到沮喪、難過，罵人肯定是不好的。」有些人一直都這樣認定。然而，部屬感到沮喪真的是一件壞事嗎？

我們都知道，生活中經常用到彈簧反作用力的原理，只有在彈簧受到擠壓之後才能彈跳得更高。責罵部屬也是相同的道理，雖然會讓部屬產生一時的沮喪，然而正是如此才能帶給他**反彈的力道**，讓部屬得到**前進的動力**。

「可惡，我現在就做給你看！」因為點燃了這樣的鬥志，部屬會有更大的進步。從短期來看，我想沒有人會喜歡被責罵。一開始，被主管呵責的部屬必然會厭惡被這樣對待，甚至還可能因此而內心受傷，罵人的主管很難避免被部屬討厭。接著上演的是周遭氣氛變得緊張，部屬不高興、主管討人厭，整個團隊氣氛變糟，工作士氣很可能會受到影響、受到打擊……。

看起來沒有一件好事。

然而，讓我們以長遠的角度來看，那又會是如何呢？

部屬因為受到責罵而明瞭自己問題所在，也就得到改進的機會，於是他將會一步一步，踏踏實實的成長。經過一年、三年，部屬必然會發現：「當初要不是主管的責罵和要求，我是不可能清楚自己的問題，也就沒有今日的成就。」這時他將會滿心感謝主管。

在擁有正確責罵技術的主管底下做事，團隊每個人的能力勢必都會越來越強，隨著歲月的累積，整體團隊的能力將會獲得大幅提升。當人人都充滿自信，積極進取，公司業績與工作效率的提升也勢必指日可待。

因為被責罵，部屬獲得了成長機會，身為主管的你因而被感謝，整體工作團隊也有所進步──長期來看，正確的責罵之後，伴隨而來的全都是美好的事。

即便自己做不到，也要勇於糾正

「我也有做不到，做不好的事。」

「我自己也有所不足，實在無法忽視這點去責罵部屬。」

這些往往是主管無法責罵部屬的理由。

許多主管因為虛心於自己的實力不夠好，於是也就不敢出言訓斥部屬。然而，你應該先不管自己的狀況，而是在適當與需要之時，仍然直接對部屬提出要求，這絕對是主管當仁不讓的職責，看看以下的理由，相信你一定能同意。

第一個理由，任何的職業運動比賽，教練在技能上都不比選手厲害，然而教練總是要指導選手哪些姿勢要改進，哪些地方需要調整，**從來沒有教練因為顧慮選手技能比自己好，就不敢給予指導的。**或許難免會有部屬在內心偷偷抱怨：「你自己都做不到，還敢這麼講我」，即便如此，你也不可因此退縮，畢

竟責罵的本質是「讓部屬發現自己沒有做好的部分」。

第二個理由，透過責罵的行為，**主管本身也會因此得到成長**。當你責罵要求部屬之後，自己也將會有非辦到不可的壓力。

比方說，當你指責部屬「要打招呼」時，那麼自己怎能不以身作則；要求部屬「要嚴格遵守時間」，自己又豈敢隨意遲到呢？就因為你要求了別人，也將迫使自己的行為開始改善、學習與成長。

第三個理由，當部屬明白了自己的缺點而逐步改善，主管也因為要求別人而不得不提升自己，如此一來大家的能力都獲得成長，顯而易見地，**整個團隊**自然比過去更具有競爭力。

當你改變了想法，不再拘泥於自己的能力夠不夠，是否有辦法做到，把這些顧忌都先擱在一旁，不去擔心部屬怎麼想，盡責地要求部屬，讓整體團隊都獲得改善，且變得更加活躍。

每位主管都要注意，**毋須每次都用「上對下的態度」來責罵部屬**，而是以

「我自己也並非樣樣都能做好，就讓我們一起注意吧」。

不要再把「沒有自信」當成藉口，你必須要積極正確的責罵部屬，因為那將會帶動你和團隊成員們一起成長。

Point

就算自己只能做到八十分，也要盡責地要求部屬。

10

責罵產生衝突，衝突讓組織更活絡

從當上主管的那一天起，你在公司扮演的角色就已經改變了，你已經從選手變成教練，也因此，公司對你的要求也將和過去有所不同。儘管已經變成教練，倘若心情還是和過去擔任選手一樣，那可就麻煩了，因為教練所肩負的職責，是幫助選手的能力得到提升，並且要能在競賽中獲勝。

「活躍」這個名詞，字典上的解釋是：「物質的原子或分子在高活力狀態下，容易與其他原子或分子衝突而產生化學反應，意指反應活潑。」說明了活躍是必須經過衝突才能引發的。

這個道理，在企業體制中也同樣適用，要讓組織活化，「衝突」不可避免。而這種衝突之一就是「責罵」。藉著指責部屬沒能做好的部分，讓對方發現自己的問題，於是產生一種叫做「成長」的化學反應。

這就是責罵的目的，倘若你懼怕責罵會導致衝突的發生，你將失去活化部屬與活絡團隊的機會，整體終會落入死氣沉沉的地步。

全球經營管理大師彼得・杜拉克曾經說過：「所謂的組織文化，並不是指同儕的相處融洽，**重要的不是感情好，而是工作的狀態好。**不是以工作上得到的滿足為基礎，而是因工作關係的調和，所建立的人際關係，即使看似融洽，實際上卻是匱乏的，這會讓組織文化開始腐化。這也不會令人獲得成長，只會導致人的順應或退縮。」[3]

所以，你不應該再把心力放在「只想著要跟部屬感情融洽」，那只會弱化你身為主管所應具備的力量，也將會是阻礙部屬成長，和阻礙團隊提升成果的絆腳石。

務必要切記，主管和部屬所扮演的角色絕對不同，身為主管，不要害怕衝突，並且要能夠好好運用衝突來讓組織活絡，這會是一切變好的開始。

Point

衝突並不可怕，因為這是組織活絡的要素。

---

3 彼得・杜拉克（Peter Ferdinand Drucker；1909年－2005年），出生於奧地利的作家、管理顧問與大學教授，被譽為「現代管理學之父」。杜拉克專注於書寫有關管理學範疇文章，催生了管理這個學門，同時預測知識經濟時代的到來。本句出自彼得・杜拉克所著《現代的經營（上）》。

懂得責罵，是主管必備的能力

仔細看看「管理」這個名詞，很清楚地，是由「管」與「理」兩個字組合而成。

管就是「導管」的意思，是把主管交代的指示傳達給部屬；把部屬的意見或工作現況也傳達給主管。善盡「上意下達」和「下意上達」這種如同資訊導管的任務，是管理職最重要的職責。資訊之於企業就像血液之於人體，血管堵塞了，血液不再流動，人必然很快就會死亡，企業也是一樣。差不多十年前，在我教授以主管幹部為對象的研習課程時，總是這樣對大家耳提面命。

那麼在今日的ＩＴ時代又是如何呢？企業高層經營者只需透過電子郵件，和公司內部網路，便能夠即時把自己的想法傳達給員工。例如，今年初公司新進基層人員的業務日報，只要董事長或經理想看，很容易就可以在當天看到，

並不需要特地由幹部來傳達，於是主管也就失去了資訊導管的功能了。正因為如此，**管理職比起過去更需要學會「栽培能力」和「責罵能力」**。

「我討厭罵人，希望能盡量避免這樣的事情」相信這是很多人的心聲。馬克吐溫在他的名著《湯姆歷險記》寫道：「確保健康的不二法門，就是吃你不想吃的，喝你不想喝的，以及做你不想做的事情。」我想這段話很值得有心成為好主管的人深思玩味。

要成為一個好主管，你就必須做自己不想做的事，即便這會被部屬所討厭，你也必須當仁不讓。「不受部屬喜歡也沒關係」、「被部屬討厭也沒關係」，這樣的覺悟是成為好主管的第一步。

12

用責罵栽培部屬，是主管的義務

法語有句話說：「Noblesse Oblige」，意思是「身分高貴者應有的義務」。

對於身分地位較高的人來說，就必須有負擔符合他身分責任的認知，以及願意盡責的氣概。這也是公司幹部該有的意識。

如果沒意外的話，公司主管都會有職務津貼，而這應該算是額外的「部屬栽培費」，不責罵部屬的主管可說是尸位素餐，雖然處於較高的職位，卻沒有盡到應盡的責任。

曾經擔任奇異公司董事長兼執行長的傑克・威爾許有句至理名言：「在成為領導人之前，自我成長就是你的成功。但是在你當上領導人的那一刻起，促使他人成長才是你的成功。」[4] 捨棄自己的私心，全力栽培部屬，是主管應有的義務，也是成就。

4 本句出自《致勝》，傑克・威爾許（Jack Welch）、蘇西・威爾許合著。

過去有一句話說：「職位造就一個人」，然而這只適用在那些擔任職務後，依然繼續奮鬥的人。

在我剛坐上主管位的前幾年，也是一直逃避著不想責罵部屬，雖然這讓我不覺得有什麼苦惱，但也因而完全沒有學到東西。自從察覺到自己不該如此，決定「改變」的那時候起，我才終於嘗到身為主管的痛苦滋味，也漸漸的學會如何去責罵人。

從沒有人可以一當上主管，便有辦法按照自己的想法發揮能力，都是在諸多不順，幾經多次失敗和反省，並在克服這些困難的掙扎過程中，讓自己逐漸變得堅強有力。

「栽培部屬，是身為一個主管必要的職責。」

「我一定要把這個團隊變成最棒的團隊。」

「為了這個目標，我會認真責罵部屬。」

唯有這樣的使命感，才能令我們得以茁壯、堅強，以及給予我們敢於責罵

的力量。

Point

只有讓部屬成功，才是領導者的成功。

好主管才知道的
14個責罵技巧

學會罵人的技巧，
就能擁有責罵的勇氣。

即使膽怯，也要敢於責罵

美國知名演員勞勃·狄尼洛[5]在塑造角色上以非常努力，絕不妥協而聞名。

他總是會先徹底地研究所要扮演的人物，深入體認這會是怎麼樣的一個人，然後再把自己完全投入那個角色。

比方在《鐵面無私》（*The Untouchables*）這部電影當中，他所扮演的是美國黑幫老大艾爾·卡彭（Alphonse Gabriel Capone），為了能傳神地演出這個角色，狄尼洛增胖十四公斤好讓自己與卡彭的體型相仿，以及每天花上七個小時拔去頭髮來模擬卡彭微禿的髮型。除此之外，他還在卡彭曾經住過的街上生活了五個星期，甚至連內衣褲都是卡彭常穿的品牌，就是希望自己能夠演得好，從裡到外皆能真實呈現這號大人物的特色。

無論電影或是舞台劇，都需要所有演員充分理解劇本，和自己要擔綱的角

5 勞勃·狄尼洛（Robert De Niro），義大利裔，出生於美國紐約，現為知名美國電影演員和製片人。狄尼洛主演過包括《教父第二集》、《蠻牛》、《鐵面無私》等數十部全球知名電影，平生獲頒多次獎項，包括了奧斯卡最佳男主角、最佳男配角、AFI終身成就獎、金球獎終身成就獎等。

色，藉由各司其職的努力演出，才有辦法創作一部出色的作品。

在職場工作上也是同樣的道理。我們每一個人都站在公司這個舞台上，在名為工作的劇本故事裡，依照自己被分配到的角色好好扮演，然後得到應有的酬勞。

然而，我們在職場工作上被要求的角色，很難與在自己家裡，或者是與朋友相處時的自己一樣。即便如此，我們仍必須先確實理解「**在工作上，我的角色應該做些什麼**」，接著認真地揣摩如何演好，才是負責任的態度，才能使職場工作這齣戲獲得好評，叫好叫座。

所以，你不能有「這不適合我」或「自己能力不足」等念頭，你也沒有權利說這樣的話，因為你已經在舞台上，無論什麼原因，都已經接受了這個角色。

既然如此，縱使自己覺得力有未逮，或者有所害怕，甚至感到膽怯，也都要拼盡全力地把角色扮演好，除此之外沒有更好的選擇。

「用認真且正確的方式責罵部屬，完全是為他們著想，為了他們好，即使

這麼做會被討厭，我也必須義無反顧，因為這是我被要求扮演的角色，是作為一個好主管的責任。」

正是這樣的信念與認知，才讓我勇敢的學會如何責罵。如果你還無法責罵部屬，那請你一定要趕快擁有這個角色的認知。

Point

職場和舞台一樣，必須扮演好自己的角色，而不是自我。

責罵不是生氣，更不是怪罪

雖然有些人會認為，責罵就是在生對方的氣，但其實「責罵」和「生氣」是兩件完全不同性質的事情。

生氣，是以自我為中心，當錯誤發生或是自己感到不悅時，認定都是對方責任而心生不滿，於是把自己的憤怒或是憎恨的情緒，用粗暴的語詞，和攻擊性的言論加諸在對方身上。

反之，責罵是以對方為中心，為對方著想及幫助他成長，透過指出他做不對的地方，來讓他發現自己的缺點與不足。那是一種抱持著「希望對方變得更好」、「希望對方有所長進」的想法，是一種很真誠的情感。

其實部屬是很敏感的，他們會本能地察覺到你是在發脾氣的攻擊，還是善意地透過責罵來幫助他們。他們藉由感覺你的態度，分辨出「這傢伙只是要把

怒氣往我身上出」或者「這個人是為了我好才斥責我」，而採取完全不同的方式來面對你的責罵。

順便一提，「責罵」跟「怪罪」也是不一樣的。**怪罪是在責難對方，逼問對方，只是在歸咎錯誤的承擔。**

當部屬失敗的時候，我們予以責罵的目的是什麼呢？是為了告訴他哪裡做錯了，該如何修正，以及下次該怎麼做才不會重蹈覆轍。

一個遭受失敗的部屬，內心可能已經很受傷，作為主管的你還一味地逼問，光數落他的失敗結果，這只會讓他傷得更深，根本不會有什麼成長可言，這樣的做法一點意義都沒有。

主管們要牢記，責罵的本質是讓對方察覺沒做好的部分，並且讓他反省、改進，這和「生氣」或「怪罪」是完全不同性質的行為。

Point

責罵不是因為部屬很差勁，是為了讓他變好。

控制情緒，才有好結果

當我了解責罵的本質，確定自己所要扮演的角色之後，才終於從無法責罵部屬的困境中解脫，然而，在那個時候的我根本不知道「主管」該做些什麼。

剛開始，我所做的就只是從頭到尾採取嚴厲的態度，只懂得用一些粗暴不堪的言詞，對自己的部屬大聲怒罵。

我以為所謂的責罵，就是用言詞來懲罰他們，藉此手法帶給部屬一定程度的緊張感，好讓他們產生戒慎恐懼的心情：「只要犯錯就會被主管劈頭痛罵」，如此就會多加注意，不會再犯相同的錯誤。

然而，我想要得到的效果並沒出現。

透過嚴厲的怒罵，即使你所指責的內容是對的，被你痛罵的人也無法接受。「雖然你講的道理很正確，我也知道自己做錯了，但你何必罵得如此凶狠

呢？」這時的部屬只會覺得難過、受傷，有時候甚至會轉為忿忿不平與怨恨。

如果內心產生了「被怪罪」的感覺，部屬就會出自本能地想要**自我防衛**，於是他開始忙於找藉口搪塞，又或者用哭訴的方法回應，到了這個節骨眼，不管你說什麼，他都再也聽不進去了。可想而知，最終的結果會是他無法正視自己應該改進的地方，更遑論自我反省，要部屬改善簡直是緣木求魚，因為他唯一擔心、在意的只有「**當我下次再被痛罵的時候，該怎麼辦**」。

不久之後，我面對的是更糟的狀況，我與部屬之間已經溝通無門，因為他們不再直接對我提出報告，也失去了自信心與工作的積極態度，整個團隊的氣氛也越來越差。

此外，只知破口大罵的自己，精神上的壓力不斷增加、累積，也不知道是否是這個原因，當時的我每天都有頭痛的毛病。如果有人認為，大聲怒罵別人的感覺應該很爽快才對，我用自己的親身經歷可以證明……真的是大錯特錯！再者，醫學上也早有研究顯示，發怒只會使精神壓力更加擴大。

從我過去錯誤的責罵經驗，你將清楚看見，流於情緒的痛罵部屬，對自己、部屬或團隊所帶來的只有壞處而已，你幾乎找不到任何優點。

Point

流於情緒地生氣罵人，只會帶來問題，而不是解決問題。

04

保持耐心，先搞清楚事實

我公司曾經發生過這樣的狀況。

有個員工一年到頭總是會遲到個幾次，某一天，他又來不及出席例行性的早會了。

當時我心裡這麼盤算：「這傢伙又遲到了，等他到了公司，看我怎麼好好地教訓他！」

「你到底在搞什麼鬼啊，一天到晚老是遲到，我真不知道你是怎麼回事！」他前腳才剛剛踏進辦公室，我立即不假思索地對他大聲怒罵。

「對不起，我來晚了，真的很抱歉，實在是因為路上發生了重大事故，電車延誤了好一大段時間。」他面露委屈地說著。

「這下子糟了，我似乎過於急躁與不分青紅皂白。」我心裡暗忖。但話已

經脫口，想收回也來不及了。

「就算是這樣，你也該先發個訊息通知公司，不是比較妥當嗎？」我的語調馬上柔和了不少，並且立刻轉換責罵的切入點，作為對他的警告與提醒。然而我心裡還是覺得自己有些糗，也對他感到有些歉意。

在你責罵部屬之前，有一件重要的事情非先做到不可，那就是「釐清事情的真相」！

因為當你不明就裡地誤會，或者沒查明事情的真實狀況就過早下斷語，被斥責的人通常很難接受，於是主管與部屬原本的信賴關係就會因此出現裂痕。

如果不以事實為根據，那麼這樣的責罵根本沒有意義，甚至只會出現反效果，因此最重要的就是要先聽聽對方的說明、解釋。

「請告訴我，究竟這是怎麼回事」，「到底是什麼原因讓事情變得這樣」，你必須先聽對方怎麼說，確認狀況原因，甚至是有什麼不得已的苦衷。

在這個時候，如何**保持耐性**地讓部屬有機會把整個原委都說清楚，是最重

要的事。要是他話才剛說到一半，你就破口大罵：「別在這裡胡說八道講一堆藉口」，除了讓對方受傷，完全沒有其他任何作用。「跟你這樣的傢伙講再多也只是白費工夫，完全沒用」，如果你這麼說的話，那麼我想你一定可以達成心願——得到一個心灰意冷，完全失去工作幹勁的部屬。

先耐住性子，安靜地傾聽，讓部屬把話說明白，然後你以客觀的角度，掌握正確的事實，再開始責罵對方也不遲。

Point

耐心傾聽部屬解釋，才不會出現反效果。

05

責罵的最佳時機是？犯錯的當下

你一定聽過「打鐵趁熱」這句諺語，顧名思義是說，「倘若你想運用鋼鐵鍛造成各種不同形狀的工具，那麼就得趁著鐵被加熱軟化之際，趕緊敲打塑造」。其衍生的意思就是告訴我們：「要把事情做好，就得掌握最佳時機去實踐，否則等事過境遷之後，是很難順利成功的。」

這句話實在非常適合套用在責罵這件事情上。

那什麼是責罵的最佳時機呢？就是「當場、即時」。

趁著失誤剛發生不久，部屬的記憶還很鮮明的時候，主管的斥責會讓部屬感受特別深刻，也就不容易忘記主管對他的要求。況且，只要是伴隨著情感，人們對那個行動的記憶就會被更加強化，被稱讚或是責罵，都會牢牢記得。

正如同我在前面所言，責罵是為了修正部屬的行為，是為了讓他可以成

長，變得更好。因此，如何加深記憶、印象，讓要求可以烙印在他的腦海之中，無時無刻地念茲在茲，才能夠長時間化為圭臬地引導他往對的方向前進，才能達到責罵的核心要義：「為了部屬好與成長」。

「這麼看來，你以前也一定像這樣的錯誤囉。」

「我老早就想說你了，你就是有這種壞毛病。」

有些主管不懂得責罵的好時機，不當場及時責罵部屬，總是要等到事過境遷才在秋後算帳，結果完全模糊責罵的焦點，況且也因為他所指責的事情時間久遠，所產生的效果也大打折扣。

像這樣大翻舊帳，很難專注於部屬當下應該改進的事項，如此做法又怎麼能讓部屬明白自己的錯誤，又怎麼能督促他改過遷善呢？

「原來長久以來，主管都是這樣看我！」被翻舊帳後，部屬非常可能產生這樣不滿的情緒：「為什麼都要拿那麼久的事情出來罵人呢？」其結果是讓他整個思緒都集中在你老愛翻舊帳，你只是對他有刻板壞印象，而不是要他真的

改正過失，這變成了他當下的實際感受。

為了不讓部屬腦海中浮現過多雜念，能夠專心一致在改正自己當下的錯誤，你應該把部屬過去的過錯都給忘記，**即時地對於當下的過錯給予責罵**，這是非常重要的事。

Point

責罵不即時，老愛翻舊帳，只會模糊改善的焦點。

責罵時間，不超過三分鐘

責罵部屬之際，千萬不要像老太婆的裹腳布那樣又臭又長，罵人時最好學著像鹹蛋超人一樣，謹記著要以三分鐘為限。6

我們都知道，想要長時間專注在某一件事上是很不容易的，隨著你罵人的時間越長，事情的焦點也就會變得越模糊，到了末了部屬的腦筋是一片混沌，根本搞不懂自己到底錯在哪裡。再說，本來就沒有人喜歡挨罵，因此被罵的時間越拉越長時，部屬的心門也必然逐漸地關上，很難再聽你說些什麼了。

「我耗費那麼長的時間，充滿熱忱地責罵他，相信他一定會懂的。」如果你這麼想，那只不過是個自我感覺良好的主管而已。

我想你現在應該很清楚責罵的目的，就是要讓對方「發現自己目前的狀況，和應有態度與作為之間的落差」，所以你應當做到的是，只要讓他發現就

6 鹹蛋超人，日本知名科幻影集《超人力霸王系列》之中文俗譯，在日本擁有高知名度和地位，由日本「特攝之神」圓谷英二一手創辦的「圓谷製作」所拍攝。超人力霸王只可留在地球三分鐘，身上的警示器便會發出聲響，代表能量將快用完。

好了，而不是長時間的疲勞轟炸，或者漫無止境的叨叨念念。

有的主管會要求部屬反省，要他表現出悔意與道歉，甚至有的還會搞得讓人痛哭流涕等，這些都不是責罵的真正用意。

「要如何表達，好讓對方**願意接受**，以及如何讓他**自己明白與採取改善行動**」這才是責罵時的關鍵重點，根本不需要太長的時間就能做到。

話說回來，長時間的責罵部屬會讓**主管自己的情緒亢奮**，就容易東扯西扯，盡說一些和這次要罵的事項完全不相干的事。比方說，有些主管在對部屬說教指責時，總愛提起自己過去的事蹟，拿來和部屬比較，如此一來就會漸漸失焦，你原本想要求部屬的事情，也就變得不清不楚了。

大部分受到指責的部屬，在剛開始被罵時都感到十分緊張，會專注地聽主管的責罵。然而隨著責備的時間越拖越長，緊張與專注感將隨之淡薄，接著開始分神想著其他無關的事情，說不定還會在內心裡怨著：「我的老天，罵夠了沒？能不能快點結束啊？」

因為責罵的時間過長，主管無法聚焦在真正的要點，部屬也難以專注在自己要改進的過失，同樣的錯誤反覆發生，簡直就像是惡性循環一般，你費心費力的叨念，只是白白浪費時間和力氣而已。

所以，當你準備要責罵部屬之時，千萬要記得務必採取**簡單明快的手法**來解決，長時間的叨唸，只會讓反彈的心態大於反省與改進的心。

Point

聚焦責罵的主題，並且在三分鐘之內結束。

07

一次要求一項，這是責罵的原則

我的高爾夫球技術，坦白說非常拙劣，有一天我下定決心，要努力學習如何提升自己的球技。

在我常去的高爾夫球練習場有兩位專業教練，他們是我經常請教的老師。

其中一位是看起來很活潑開朗的年輕人，另一位則是臉上經常面無表情的中年男子。

「擊球的準備動作要這樣，手抬起時切記不要過快、要放更慢一點，揮竿擊球的瞬間，要運用下半身的力量去帶動，頭不可抬起來……」年輕教練會用實際的示範動作，很仔細的教我。

另一位撲克臉的中年教練則不一樣，他每次都只教我一個動作。「今天只要記住這個練習就可以了。」在一天的課程中，他只要求我重覆做一件事情。

跟著年輕教練，我的學習過程總是比較開心，他非常誠懇而且仔細地教我，讓我在短時間裡就知道自己有很多課題要去學習，然而在那練習場裡比較受歡迎的卻是撲克臉的中年教練。

一開始，我對於這個奇怪的現象感到不解，然而在我上了幾次課之後，就明白了為什麼學員反而喜歡撲克臉的教練。

年輕老師的教導方式，是一次教授學生很多課題，結果就是當學生揮桿的時候，就會掛念著「這裡要注意，那個也要留神⋯⋯接下來是⋯⋯」，於是**內心顧慮的事情太多，而無法集中精神，進步也相當有限**。到了最後，還是跟那位表情冷淡，一次只認真教一件事情的中年教練學習，才會有所進步，這也是他受到歡迎的原因。

這個道理可說跟責罵的技巧如出一轍。

藉由責罵，主管讓部屬發現自己做不好的部分，但如果我們呵責與要求的有兩個、三個甚至更多的話，只會讓部屬覺得很混亂，根本不知道該從何處改

進才好。況且，當一次被指責很多待改善的缺點，對方的感受肯定很糟，反而失去了改善的動力。

責罵，是一種向對方提出積極改善的建議，並且要求他劍及履及地及時做到；項目越多，焦點也就越模糊，並且也會因此變得複雜與難以實踐。

Point

過多的要求，反而使得部屬不知從何下手。

搞清楚什麼該罵，什麼該讚美

身為公司主管的職責是什麼呢？評量考核部屬的能力是基本，但更重要的是關心與幫助他們成長，並培育部屬。

我想，一位堪稱負責的主管絕對會持續地關注自己的部屬，只不過，關心的原則用對了嗎？你必須要以「**比較過去和現在，查察進步**」來看部屬。唯有透過比較去年和今年不同，你才能夠發現部屬的成長，即便他只有改善一點點，那也是成長與努力。

假設在及格分數為八十分的考試，有個學生只拿到二十分，然而半年過後，他進步到了四十分，如果只單看這分數的話，顯然他還是不及格。不過，他已經比半年前多拿了一倍的分數。

如果只著眼於他這次的成績，或者是只拿這個成績來和其他人相比較，根

本不會發現他進步了多少，要不責罵他實在很難，這是人之常情。

就因為相較之下顯得不好，你的一味斥責也將讓這個成長一倍、理應得到讚揚的部屬失去了信心，也失去未來追求成長的鬥志。再說，無論是顧客滿意度或是政黨支持率等，許多調查或評估報告的重要論點，都會放在和過去做比較，用時間序列去比較，藉此觀察未來的走向，來推測可能的動態。

「和過去比較，觀察部屬的變化」，只有這麼做，主管才得以發現部屬可貴的成長，才會給予「你很努力哦」的正面評價。反之，倘若你沒能掌握住部屬的變化與成長，最後只會用責罵來取代應有的讚美，其結果只會讓部屬工作態度越來越畏縮、消極。

主管的重要工作之一，就是提高部屬的積極態度，要做到這點，就不能只看結果，還要觀察對方的變化、進步，並適度、適時地讚美，和他共享成長的喜悅，這是在培育部屬的過程中最重要的一件事。

Point

細心觀察部屬的進步，即使微小也不吝給予讚美。

講清楚「該做到什麼程度」

當你在責罵部屬時，必須清楚掌握兩件事，一是「應該這樣才對」的理想狀態，另外一個就是部屬目前的實際錯誤。你必須讓對方清楚了解這兩者之間的差異程度。

舉一個我自己的失敗案例來說明。在我的公司裡，有個職員始終無法將自己的辦公桌收拾整齊，雜亂無章的程度讓人覺得這家公司的管理似乎很散漫，這也讓他屢屢遭受我的斥責。

「你都不覺得自己的桌子很亂嗎？現在馬上就給我整理乾淨。」

經我指責後，他會很識相地馬上就把桌子給清乾淨，不過有效期限真的很短，差不多幾個星期過後，又會故態復萌地回到過去的雜亂不堪。無論我怎麼一再嚴厲斥責，都無法完全治好他這個毛病，這也讓我感到頭痛不已。如此反

反覆覆的經過好幾年之後，我才終於發現到自己什麼地方做錯了。

責罵的作用在於，**因實際現狀和理想狀態有所落差**，於是透過對於部屬的要求與呵責，填補這之中的落差。

然而，我卻只是使勁地罵他，要求他做到「桌面整理好」，卻沒有把明確地告訴他最重要的「應有的理想狀態」，畢竟每個人對於所謂整理好的「應有狀態」很難有一致的標準。

我察覺到這一點後，便定下整理的標準規範：「下班回家之前，外出洽公離開時，桌面上的東西必須完全收拾乾淨。只有電腦跟桌曆可以留在桌上，任何文具用品和文件等物品一律不准出現在桌面。」

透過這個規範，我讓大家很清楚地知道所謂的「應有狀態」是什麼，如此**每個人都知道該怎麼做，要做到什麼程度**，我也很容易發現有誰沒有做到並予以當場指責。

定下明確標準後，效果立竿見影，馬上顯現出來。花上我多年時間都沒辦

法改善的問題，當我用對了正確的責罵技術，僅僅兩個星期就讓我得到完全改善的滿意結果。

當你沒讓部屬了解他們該做到的應有狀態是什麼，也欠缺清楚明白的準則時，這樣的責罵是不對的，因此也就很難收到實際的效果。

反之，在他們清楚你所訂定的標準時，就會知道該怎麼遵守，而你也就可以觀察他們的作為和應有狀態做出比較，確認他們哪些有做好，哪些沒做好，再給予要求、指導。

所以，重點是要讓部屬具體理解應有狀態與目標，少了這點，即便再怎麼嚴厲斥責，至多也是一時的改善，到頭來還是積習難改。

Point

訂定標準，讓部屬理解應有狀態與現狀的落差，才能真正改善。

10 重點不是道歉，而是改進的行動

擔任過主管職的人，一定經常有這樣的經驗，當部屬做不好，遭你責罵時，對方多會為自己的問題表現出愧疚，並且直接道歉。

過去我曾有很長一段時間，誤以為當自己針對問題對部屬加以指責，該罵的都罵了，該說的也沒漏掉什麼，只要對方很誠心地道歉，就已經功德圓滿，算是完成任務了。

希望你別像我這樣犯下同樣的錯誤觀念，部屬是否道歉，其實和你責罵的目的完全無關！

以下是某一天我跟部屬的對話，當時我明白地指示他，今天一大早記得要打電話給客戶A公司的B先生，但是他完全忘了，把這件重要的事擱著沒做。

「你已經打給A公司的B先生了嗎？」

「唉啊，糟糕，真的對不起，我忘記打了。」部屬面懷歉疚地回答。

「什麼？你忘了？到底在搞什麼鬼？你能不能多放點心思在工作上！」我語帶怒氣。

「真的很抱歉。」部屬仍然低著頭。

「以後要注意，別再犯了，知道嗎？」

「是！我知道了。」

一般人在做錯事之後，多會感到很有罪惡感，此時受到主管的嚴厲指責，自己內心會認定這就是犯錯要付出代價，是對自己的一種懲罰，只能接受並且道歉。

接下來呢？道了歉的部屬心裡會這麼想：「我已經受到這樣的對待（被罵），況且也道過歉，算是已經彌補罪過了」。於是，**部屬因此感到放心，這件事似乎就此結案了**；他失去了積極改進的動力，更遑論能有所成長。

「他都已經道歉了，應該要原諒他。」「都說會自我反省了，有必要窮追

猛打嗎？還是算了吧。」如果你是這般自以為善良的主管，那麼我可以斷言，你的部屬是不可能成長的。

部屬道歉或是挨罵，只會帶給他自我原諒的心態，其結果是忘記了要自我改善，而這可不是責罵的用意與目的。

Point

部屬道歉與否並非責罵的目的，重點在於知錯與改善。

11

找出癥結點，然後去除它

正如前面所提及，責罵無非是要幫助部屬，而不是求得他的道歉。你的重點應該放在讓部屬能夠回顧自己的作為，發現問題的癥結在哪裡，然後可以很快地進行改進，避免下次再犯同樣的錯誤。

所以，當你責罵部屬時，一開始就要把「要他道歉」跟「讓他發現問題點，並採取改善行動」這兩件事情分開來想。

除此之外，你還得思考和確認兩個重點，其一是「為什麼這次的結果會是這樣？」和「該如何改變工作方式才能夠防止再次發生？」

就以剛剛所提的案例來說明，你不能夠只責罵「忘記打電話給客戶」這個失誤，部屬之所以遺漏了主管指示交辦的任務，其實也顯露出他日常工作的規畫安排，必然潛藏著疏忽或者是發生疏漏的可能，如果不加以去除，這種錯誤

再度發生的機率依然很高。指導他消滅原因，是你責罵中很重要的一環。

首先，你要檢核部屬整個工作習慣與流程安排。

「我交派工作的時候，你有沒有記錄在便條紙上，避免忘記呢？」

「你是如何確認那些記錄的？」

「你怎麼提醒自己來避免忘記？」

如果是沒有利用便條紙把該做事項寫下來，主管不能只是當場指責，而是要定期查驗該部屬在每一天的工作當中，是否有把要事寫在便條紙上，如果沒做到這點，就必須當場指正，幫助他養成這個習慣。

經由這樣的做法，你能協助部屬發現，在日常工作中可以採取什麼行動，來杜絕同樣的錯誤再度發生，並且養成好的工作習慣讓流程更為完備。

「想要改變工作的結果，就得要改變工作的過程。」這是全球知名的物理學家愛因斯坦所說的至理名言。

責罵部屬時，只著眼於錯誤結果，卻忽略問題背後的原因或過程，都無法

真正得到有效的改善。關注原因與設法去除，才得以防止問題再度發生，才能讓部屬得到成長。

Point

不要只看結果，更要關切與去除造成的原因。

12

教導分辨「有做」和「做得好」的差別

我很希望自己的公司能夠做到以下這點——以愉悅的心情迎接與歡送任何一個走進辦公室的人。無論是公司客戶、公司同僚，甚至是快遞員，大家都能很有朝氣地打招呼跟他們說：「早安！你好。」或者「辛苦了！加油。」

我的這個願景，目前在一百家企業裡頭，沒有任何一家可以完美做到，我對於成就這件事充滿了期待，經常不時地幻想屆時的模樣。

有連續好幾年的時間，我在每天早上舉行的晨會或其他會議上，都不厭其煩地要求所有人：「要好好地打招呼！」，可惜結果都事與願違，甚難有好的成效。

我也曾經為此特別聘請公司外的專業講師來上課，教授有關如何打招呼與增進彼此互動的研修課程，然而到了第二天，辦公室依然沒有任何變化，還是

像過去一般的靜默缺乏熱忱。

「為什麼都沒有人改變呢？」我一直對這現象感到苦惱。

經過許多年之後，我才終於找到答案——要教導他們做好怎麼打招呼，就必須先解開部屬以為「我覺得自己已經做到了」的誤解，才有改變的可能。

公司上上下下並沒有誰是完全不打招呼的，只是要不就聲量太小、音調過低，又或者僅微微領首而已，每個人都有各自不同的毛病，但他們都沒意識到自己做得不夠好。

也因為如此，當在我在會議上訓斥，又或者講師上研習課程的時候，只要提起這件事，所有人都認為：「喔，他講的是別人，我都有做好。」正是這個原因，才使得我所盼望的理想一直無法達成。

「有做」跟「做得好」根本是兩碼事，然而部屬卻沒有認清這一點，誤把自己「有做」當成是已經「做好了」。當我理解這個道理後，一切處理起來就簡單多了。

於是，我開始定訂出音量大小、語調標準、時機點和點頭方式等打招呼應有的基準，然後在公司內部通告大家。接著，我不再只是要求他們「要打招呼」，而是開始個別地指導他們「和訂定的標準比較，哪個部分有做好，哪個部分需要修改」。

沒錯，我立刻感受到成效顯著，精神奕奕與充滿熱忱的招呼聲，不多久就響遍整間辦公室了。

Point

「有做」跟「做得好」，是不一樣的。

13

一對一的方式責罵，效果最驚人

我原本一直以為，對全體人員訓斥，沒能做好的人就會有所自覺：「這是在講我啊」，然後他會開始反省與改善。

就拿前文關於改善打招呼狀況的過程中，我都是在早會或會議中對所有的部屬嚴加訓斥，要求他們打招呼方式必須做得更好。正如同我所言，幾年下來根本就是狗吠火車，一點效果都沒有。

也因為這件事，讓我學習到很多，也明白了一些道理。

原來，**沒有任何部屬會自覺做得不好**，所以當你**用集體訓斥告誡的方式要求改進時，結果只會是徒勞無功**，根本產生不了任何效果。你必須認真仔細地觀察每一位部屬，找出他的問題點，透過一對一的方式責罵並給予具體的指導，這才有辦法扭轉錯誤或不足，才能真正改變整個工作團隊。

一般說來，人們習於自我感覺良好又或者當局者迷，總是會高估自己的能力，覺得自己其實表現得挺不錯，然而從主管眼中或旁人看來，和實際狀況是有落差的。所以，再怎麼怠惰的部屬，也不會認為自己是在「偷懶」；再怎麼容易出錯的人，也不自認「比別人差」，他們都會輕易找到藉口來自我安慰，於是大家都會覺得自己很拼命、很認真、很有能力。

這也是為什麼，當你面對全體人員而不特別點名訓斥時，他們都只會有同一個想法：「我好得很，你數落的肯定是別人」。

若以為專程找個講師，開場研習課程就會有所幫助，那你就大錯特錯了。課程研習是一種知識的授予，能改變的只有人們的意識。然而你**要改變的是部屬的行動**，這絕對不是講師或其他人的力量可以做到，而必須依靠主管與部屬的共同努力，這是直屬主管的職責，也是使命。

直接一對一指導部屬，針對他做不好的地方加以斥責，讓他能夠具體的發現，沒有比這更好的方法了。

主管一定要實行個別指導，逐一地改善每個部屬。當他們一個接一個地受你影響後，很快地整體工作團隊也都會產生變化，那是一種令人感動萬分的變化，是任何主管都渴望的成果。

沒有部屬會自覺不好，集體訓斥只是徒勞無功。

14

列出沒做好的理由，具體給建議

以下是我公司某個月初會議上發生的狀況，當日會議的討論主題，是關於預計在上個月底就該完成的，顧客滿意度調查進度報告。

「真的很抱歉，意見調查還沒有完成。」負責此案的部屬，忐忑不安地回答我。

「還沒有完成？你到底在幹什麼？這樣不就麻煩大了！」我連珠炮似地質問他。

「真的很對不起，對不起……」部屬的道歉聲不止。

「下次要注意！」我說。

身為主管，經常需要確認團隊的執行進度，要是遇上部屬進度落後，無法符合要求，這個時候你的責罵方式將會左右部屬的成長。

如果你像以前的我那樣，都只是在表面上加以訓斥責罵，接著對方道歉就結束了，這種做法無論你重複幾千幾百遍，都沒辦法培育部屬，讓他有所成長。你的輕易縱容與原諒，只會減弱部屬訂定計畫，然後拼了命去完成的積極意願。

責罵部屬的用意，是為了幫助他成長，千萬不要忘記這一點。主管的管理工作不應該僅是「做好了」和「沒有做好」這種非黑即白的二擇一選項。因為單看結果來斥責，部屬不可能發現自己的問題點，又豈能著手改善呢？如果部屬的工作方式無法改善，那麼無論責罵幾次，他都不會變成一個確實遵守期限的人。

「你都是怎麼訂定計畫來規範自己的工作進度呢？」

「完成多少百分比了？沒做好的部分還需要多久？」

「是否遇上了什麼阻礙讓你工作卡住了？」

主管必須像這樣和部屬確認，把沒做好的理由給弄清楚，並且給予具體的

指導，當他再次遇上類似問題時，就可以順利解決，這一點相當重要，也才是完整與正確的責罵方法。

Point

不要只針對結果責罵，要同時找出問題癥結與如何做好的方法。

被罵部屬的心情，
主管一定要能懂

找藉口的部屬、會反抗的部屬、
逃避的部屬，該怎麼責罵？

01

「信賴、評價、距離」責罵的三前提

「我知道身為一個好主管就該對部屬有所要求，也鼓起了勇氣加以斥責部屬，可是他根本無視我的責罵，不當作一回事。」

「就算我開口罵了人，他們也是當耳邊風，有時還會反抗頂嘴。」

我聽過一些主管有這樣的感嘆，但坦白說，這是因為他們缺少了，和部屬建構出足以讓責罵發揮效果的人際關係。

想要讓責罵的效果開花結果，達成最終目的，必須先要有三個前提。這三個前提就像是「責罵的土壤」，在一個土壤不夠深厚扎實的地方，又怎麼能夠開出美麗的花朵呢？所以在這樣的狀態下，當然會發生無論你再怎麼罵，部屬也無動於衷的下場，更不用提如何讓他改善了。

責罵的首要前提，就是「信任」。

假如你沒能跟部屬建立穩固確實的信賴關係，他怎麼會相信你嚴厲口吻的指責，其實是為了他好，又怎麼可能會聽從你的責罵而改變自己呢？

「這個主管值得信任」、「這個主管意志堅定」，讓大家都對你有正面的評價，是責罵的基本條件。

第二個前提，是部屬對你能力的「評價」。

即便你坐上了主管的位置，要是部屬對你的能力不認同，那麼你的指責也不會獲得採信。

「照這個人的說法去做肯定沒問題！」想要部屬聽從你的指示辦事，你就得讓自己擁有這樣的實力，至少部屬對你的評價是正面的，你的指責才有發揮影響力的空間，才足以說服對方照著你的方法來做。當然，無論哪一種主管都做不到十八般武藝樣樣皆通，但至少也要在某個領域「高人一等」，才能得到部屬對你的信服。

第三個前提，是和部屬關係的「距離」。

想要無罣礙地責罵部屬，就不能跟他們太過要好，必須維持一定的距離。

須知親近與緊張感往往是成反比，倘若主管和部屬們的關係過好時，免不了就會影響到主管在責罵上放不開，部屬也因為和主管的好交情而顯得不怎麼在意，失去緊張感，這會讓責罵的功效大打折扣。

唯有同時兼具了**信賴**、**評價**、**距離**這三種前提的沃土，才能滋養出好的責罵，並產生我們所期待的效用。

Point

獲得信任、有能力的評價、保持距離，才能讓責罵發揮效用。

被罵的人怎麼想，好主管要能體諒

在學生時代當父母叨念罵你「快去讀書啦」的時候，你的心態會是「真是煩死人了！」還是「偷懶真的不對，我應該聽話去讀書」呢？我想，絕大部分的人都是前者吧！

所有人都明白「業精於勤，荒於嬉」這個道理，只不過，當人們受到指責、被碎碎念的時候，當下總是很難欣然接受，生氣反彈是常有的心態。

主管和部屬之間也同樣如此，遭到主管的劈頭責罵，絕大多數人在一下子間都難以接受，鮮少有人會很老實地認為自己真的做錯了，然而過去當別人部屬時很明白這點的人，在當上主管後總會不小心地疏忽掉，忘記了人們即便嘴上說著「非常抱歉」，卻很少人會真心地認錯反省。

指責部屬做得不好，並且要他心悅誠服地自認「我真的做錯了」，並不簡

單。況且當對方感覺自尊心被傷害時，內心反覆所想的只會是如何幫自己找到藉口脫罪。再嚴重些的，還會生氣地覺得「為什麼只有我被罵」，而起了反抗心。

著名的人際關係學大師戴爾・卡內基曾經說過：「只知怪罪對方是沒有用的，況且任何傻瓜都做得到。你必須努力去理解對方，聰明的人應該都會這麼做。」[7]

要做到成為一個善於責罵的主管，你不能只針對做得不好的地方一味地怪罪，而不去了解受責人真正的內心想法，這不僅無法產生功效，還可能使部屬產生情緒性反彈的壞結果。

責罵的用意是為了讓對方改善、進步，要想得到這個效果，就必須先讓對方接受指責，希望讓對方接受，你就得理解受到責難的人內心的想法。

用心去理解受責部屬的想法，才能避免反彈。

---

7 戴爾・卡內基（Dale Carnegie，1888年－1955年），美國著名人際關係學大師，是西方現代人際關係教育的奠基人。本句出自《卡內基溝通與人際關係》（*How to Win Friends and Influence People*），七十年來始終被西方世界視為社交技巧的聖經之一。

03

沒人願意被罵得莫名其妙

　　有時候，被罵的部屬之所以反彈，是因為他萬萬沒料到自己會因為一些小事情受到責罵。

　　舉個例來說，依照公司出勤的規定，員工上班時間是早上九點鐘，有個職員預計自己最快也得九點十分以後才到得了公司。

　　「唉，今天我遲到了，待會大概免不了會被主管罵」，這很可能是該位職員事前已經有的覺悟，因此當他受到呵責時也就會很乾脆的接受。

　　然而，就在他踏進公司和大家打招呼道早安時，冷不防地遭到主管責罵數落：「你剛剛打那個招呼是怎麼回事？」面對這樣的狀況，他一定感到錯愕與受到打擊。

　　在始料未及的狀態下，莫名其妙地受到責罵，無論是誰都會難以接受，若

多次遭遇這種狀況，肯定會有一種「就因為你討厭我，所以我才會被罵」，而倍受委屈與被欺負的感覺。也有些部屬會因此對主管有所惡評，認為「今天心情欠佳，就把氣出在我頭上」、「他只不過想找人出氣，而我比較倒楣成了祭品」等。在這個時候，無論你要求他什麼，都無法得到任何的正面回饋。

為求避免發生這樣的事情，不要給予意料之外的責罵，事前就讓部屬預期到自己會被責罵，這是責罵管理很重要的概念之一。

在實際作為上，主管平常就應該要做到以下三個任務：

第一個任務，**清楚傳達自己的價值觀和思考模式**，讓所有部屬都能明白。「希望大家都可以做到，我會非常的期待喔。」把你所希望的目標傳達到和部屬的平時溝通中，他們就能清楚理解，在什麼狀況下會被罵。

第二個任務，**明白宣示你的責罵基準**。「誰膽敢破壞這個規則，你就等著被我痛罵吧！」如果把你的規矩清楚地宣示給同仁知道，將來因此事受你痛罵的人也就不會誤會自己是「被人討厭，才受責備」，也會心悅誠服的接受你的

責難了。

第三個任務，對所有同事清楚說明你責罵的用意。「責罵並不代表我認為你完全不行，而是為了提醒你注意一定要改善的地方，滿心期待你們能夠成長，於是我才會加以責罵。」事先讓他們清楚明白這一點，他們面對責罵的態度也就會完全不一樣。

完成這三件任務，就不會讓你的責罵變得「出乎意料，莫名其妙」，部屬也就較能夠接受了。

Point

沒人願意被罵得莫名其妙，訂出規矩讓部屬明白，他們就會接受。

防衛心很重的部屬，該怎麼責備？

遭到主管痛罵，猶能言聽計從，接受主管指責的老實型部屬是少數，較常見的是採取某些行動來自我防衛的「計謀型部屬」，他們在職場上占的比率是較多的。

計謀型部屬採取的行動，大致上可分為三大分類：

第一大類是**將過失合理化**。他們會找一大堆藉口，比方說，「我的事情實在太多太忙了，所以才會忙中有錯」、「現在大環境很惡劣，並非我不努力啊」等，找一些藉口把自己責任轉嫁出去，想方設法不承認自己的錯誤。

第二大類是**用攻擊取代防守**。「惱羞成怒」是這一類型部屬的特徵，他們受不了主管的責罵，也不擅於推卸，於是就用發怒或和主管敵對的態度來應對責罵。

第三大類就是運用苦情計或者逃避。這類的部屬，既推不掉自己的過錯，也沒膽子和主管對抗，於是他們會開始哭泣博取主管的同情，又或者藉故逃離現場避免受到責罵。

這些會採取防衛行動的部屬，有很多都是基於被責罵的經驗很少，又或者過去被責罵時，曾經嘗試過防衛行動，並且成功躲避主管責難的人。

我不知道你過去如何應付計謀型的部屬，但今後絕對不可以再容許這種行為發生，因為**一旦採取了防衛行動，主管的責罵只會被當成耳邊風，部屬也失去將受責轉化為成長的契機**，這對他們而言是很可惜的。

無論主管再怎麼罵，再怎麼要求也完全不會成長，沒有什麼比這個更不幸的結果了。

壞處還不止這些，沒有上司會容忍採取防衛行動的部屬，當下或許這位主管沒發作，但下一個當他頂頭主管的人，也或許會因為難以忍受，而把他調走，甚至是剝奪他的晉升機會。況且，**遭到責罵、卻不能老實地把主管建言聽**

進去的人，在團隊中也很可能被孤立。到了最後，變成了一個無法成長、被主管厭惡並在團隊中被孤立的傢伙。被主管責罵時，採取防衛行動不但沒有半點好處，壞處卻多到數不清。

身為主管的你，一定要設法矯正部屬這個嚴重問題。

05

反抗心強的部屬，更要嚴斥

責罵部屬時，一但遇上有人把你當作空氣視而不見，或油嘴滑舌地語帶輕蔑，甚至態度惡劣的頂嘴，你應該怎麼辦才好呢？

當發生這種狀況，而且是在其他的同事面前時，你一定要顯現出強硬的態度，絕對不可以有絲毫鬆動，軟弱地接受這樣的行為。

「你這是什麼態度！」你可以這樣地喝斥對方，接著跟他說：「你跟我過來」，把他**帶到會議室或自己的辦公室裡，對他私下嚴加斥責**。

相反地，假如你縱容部屬在其他人面前出言不遜地忤逆你，或者根本無視你的責罵，你就再也無法好好地統領整個團隊了。

「主管竟然允許那樣的態度」、「就算被他責罵，只要當成耳邊風不予理會就好了，反正他也不敢怎麼樣」當組織內形成這樣的風氣時，主管已經無法

再有施展的空間，也會被大家瞧不起，更嚴重些，對方忤逆主管的過程，說不定還會被當成英勇事蹟似的到處受到頌揚，於是整體團隊會面臨嚴重的挑戰，這樣的弊害是無以復加的。

如果部屬藉著在眾人面前反抗主管，讓自己逃避責罵，一旦成功之後，下次他必然食髓知味地故技重施，到頭來，主管對他的指責將都枉然無效，他的錯誤與不足也就沒有改善的機會了。再者，因為其他同事也會有樣學樣，如此一來，你的責罵非但無效，還會造成極大的負作用。

所以，千萬不要因為部屬的反抗，就讓責罵成了半吊子，你要勇敢地貫徹到最後，畢竟你的起心動念是為了部屬好，是為了幫助他了解自己的不足與問題點。「要是膽敢惱羞成怒，只會被罵得更嚴厲、更淒慘」這是你要灌輸與告誡部屬的觀念。

即使是會對你的責罵出言反抗的部屬，你也應該**要認同他**，給他積極的評價並聽他說話。

一般說來，會反抗主管的部屬其實是渴望別人對他的評價，很多時候的作為都是基於「想要突顯自己的存在」、「希望得到他人認可」的想法。因此，在你斥責過這樣的行為舉止之後，也該利用別的機會問他：「你應該可以做得更好，為什麼要用那樣的態度呢？」好好傾聽他的說法與心聲。

Point

「責罵」要貫徹到底，不可因為遭到部屬反抗就退縮。

06

用「你」當主詞，誤解就此產生

責罵的用意絕不是要否定對方，而是認為他的工作方式和結果應該可以更好，透過責罵的棒喝來警醒部屬錯誤之處，幫助他很快地修正、改進，培養他在未來成為一個出色的職場工作者。

所以責罵不是要懲罰對方，更不會是要對部屬造成傷害，「厭惡錯誤，而不是憎恨部屬」是責罵最重要的核心概念。

那麼，該如何責罵，才能讓部屬不會誤以為你是在否定他這個人呢？

其實非常簡單，只要你能在責罵的用語中，避免使用「你」做為指稱主詞。比方，「『你』怎麼會犯下這種錯誤呢！」這樣的責罵，聽起來重點是在「你」，而讓對方有種對人不對事的感受。但如果把主詞去除，改成說「怎麼會發生這種錯誤呢？」就顯得責問是針對「問題」，而非個人，被罵的人就

覺得比較客觀，也就會把焦點放在錯誤上。

「『你』又遲到了嗎」、「『你』是做了什麼，怎麼惹惱了客戶呢」，像這樣說法會產生以下的誤會：

以「你」為主詞＝否定對方＝是「憎恨部屬」的責罵方法

若我們換個口氣來說，把上面所舉的錯誤改成「遲到的原因是什麼」、「這件客訴為什麼會發生」，很明顯地責罵的概念就得到轉化：

將「你」改為「錯誤」＝否定失敗＝「厭惡錯誤」的責罵方法

從上面的比較，你應該可以很清楚地看出，兩者的責罵用詞雖然只有些微的不同，只是把「你」去除，然而部屬的感受卻會有巨大的差別，「差之毫釐，失之千里」這話說得一點都沒有錯。時時注意這一點，當你要開口責罵時，一定要避免使用「你」做為主詞，否則責罵的原本好意，都會因為一個「你」字，到頭來功虧一簣。

厭惡的是錯誤，而非憎恨部屬。

加上「正面標籤」，部屬更奮發圖強

曾經用過便利超商洗手間的人，很難不注意到廁所牆壁上貼著的小海報：

很歡迎您下次再使用。

感謝您使用後仍保持清潔，

——店長敬啟

便利超商的店長利用心理學的方法，先為使用者戴上高帽子，認定你就是一個使用後會保持清潔的人，看到這個海報的顧客就很難背叛對方的期待。

人的心理是很不可思議的，經常在受到他人的肯定、推崇或鼓舞之後，就會希望自己能不負期待，想方設法自我要求，盡力去做到。

「你真的好親切哦！」被對方這麼一說，很難對他冷淡。

「你都會很早就到公司」，被同事這麼一說，怎麼還好意思遲到了。

這種現象在心理學上叫做「標籤效果」，期待對方是「如何的人」，就把這樣的想法告訴他，對方就極有可能會按照你想要的方式行動。

反之，如果你一直認定他「就是辦不到」，對他沒信心地持續潑冷水，那麼對方也就會真的不行了。

要當好主管，就要對自己部屬的將來，懷抱著信心和期待，並且循循善誘地慢慢栽培他們，也因此，在你責罵他們時，你該用得是貼上好標籤，而不是壞標籤。

「你就是做什麼都不行」用這樣的壞標籤責罵，只會令對方很受傷。但要是你換個角度這樣說：「這麼做實在不太像你啊」又會如何呢？**對方不僅不會受傷，還會覺得「必須回應期待」而變得更努力**。這就是好標籤的責罵。

「你怎麼又犯錯了，可以認真一點嗎？」聽到這類的責罵，對方實在很難不沮喪。但如果你能改口說：「今天是怎麼了，你的水準不該是這樣的，是不是有什麼煩惱啊？」這麼一來非但不會沮喪，還會覺得「自己受到認同與肯

定」，而不好意思地修正自己的錯誤。

活用好標籤效果的責罵術非常簡單，你只要記得在責罵部屬時，加上以下幾句話就可以了。

「這一點都不像你。」

「你的能力應該不止這樣吧。」

「我希望你當大家的楷模。」

「你會這樣一定有不得已的苦衷。」

無論你的罵人再怎麼嚴厲，只要再附加這些，對方接受的程度就會大上許多。這就是正面標籤的神奇效果，罵人時請一定要好好善用。

Point

與其潑冷水讓部屬喪志，不如用期待的方法讓他奮發。

「人比人」只會讓部屬失去自信

「多跟你同期進公司的Ａ學一學吧！」

「Ｂ做得很好不是嗎？你真的要加油了。」

「我年輕的時候哪有像你這麼慢，你真的要好好努力了！」

有些主管會像這樣，總愛拿第三者來跟部屬做比較。他也許是想藉此好好激勵對方，只不過這種手法經常只會收到反效果。

每個人都各自有不同的長處和短處，倘若只是抓住某個面向來做比較是不公允的，況且每個人多多少少都有些個性，甚至**大多數人很愛面子，不會去承認自己比較差**，也因此這樣的比較只會讓人受傷。

如同我在前面所提過的道理，責罵的要義是在於，**比較應有的理想狀態和部屬的現狀**，讓他了解其中的落差，讓他發現自己的問題與尋求改進，是對部

屬有所期待，才會進行的督促行為。

但如果你是用人與人之間的比較來指責部屬，就等於只是進行一場「誰較好，誰較拙劣的競爭格鬥」這和責罵的真正要義是截然不同的。這麼一來，部屬的感受會是「被比較、受批判」、「我被攻擊了」，在這樣的心情下，怎麼會坦承自己的不足，更不可能朝向反省、改善的方向思考，而僅會有嫉妒、彆扭、畏縮甚至是生氣的負面情緒。

到了最後，他感受不到主管對他的期待，其結果是部屬失去自信，工作意願越來越低落……。

主管要優先比較的是應有的理想狀態。拿人來做比較，這樣的責罵要求不僅毫無效果，也只會讓部屬懷憂喪志，這是身為主管要懂的責罵原則。

人比人，氣死人，這樣的責備只會讓部屬失去自信。

有時需要公開罵人，例如遲到

「指責別人最好是私底下，在大庭廣眾面前罵人總是不好的。」我想有人應該聽過這個罵人論點。

在別人面前被責罵，自己的疏失在眾目睽睽之下被追究，受責的人必然會感到不舒服與羞恥。個人名譽遭到傷害，**自尊心蒙受打擊的此時，很難不會為自己強力辯解**，築起自己內心的高牆，開始找藉口來合理化自己，更不想承認自己的錯誤以及應該負的責任。

由此看來，在眾人前面斥責部屬似乎不是一個好主意。

然而，並非所有過失都不能在眾人前斥責，有時當大家都在的場合加以指責，對於整體團隊組織是有幫助的，不見得是件壞事，以下就是在眾人前面斥責的三個好處。

第一個好處，就是可以**讓團隊上緊發條，工作不會產生鬆懈感**。

藉由責罵某一個人，你可以讓團隊所有人都聽見責罵的內容，這時周遭其他部屬會暗自鬆口氣：「還好被罵的倒楣鬼不是我」，然後就要自我提醒：「我也要小心注意，以免下次就換我遭殃了」。

第二個好處就是**來自伙伴們的鼓勵**。

人多半會有惻隱之心，習於幫助弱者，當大家在場看到有同僚被罵的時候，伙伴們多半會為這個可憐蟲加油打氣來鼓勵他，也會體貼地提供幫助，這些都會成為受責罵的人的精神支柱，對於團隊士氣也會有所助益。

第三個好處就是**維持團隊組織的規範標準**。

打個比方，假如不在大家面前責罵上班遲到的人，而僅僅是在私底下責罵，於是大家會覺得「遲到根本不會怎樣嘛」，很可能就會像傳染病一般，遲到的人會越來越多。另一方面，對於較有責任感準時上班的人也會心生不滿，就會產生劣幣驅逐良幣的現象。反之，在團隊面前責罵遲到的人，就等於證明

你認可準時上班的員工，上面所提的問題都將迎刃而解，也能維繫團隊的規範標準。

如果是要糾正部屬的工作態度或努力與否，就不應該在大家面前責罵，這麼做只會令他覺得很羞恥，認為自己的人格被否定，你的責罵只會導致反效果。

但若是部屬遲到或者是違反規定，就等於是在破壞團隊的準則，他們所破壞的是一個維繫團隊工作的客觀基準，對於這樣的錯誤，你必須在眾人面前斥責才是對的。

Point

什麼過失要在人前責罵，什麼必須私下，一定要搞清楚。

10 高壓會造成反彈，只能短時間有效

社會心理學家布瑞姆（J.Brehm）提出一個心理學名詞「反抗心理」——當一個人被高壓模式說服時，接受說服者會有被對方強迫的感覺。最後產生的結果會是為了想取回自己的意志和自由，於是行為將轉變成與被說服的內容相反的方向。

無論部屬在表面上顯現什麼樣的態度，若是你以高壓的方式斥責，他的反彈是必然的。當這種心理因素產生時，別說他會不會成長，即便你連續罵上幾十次，他都可能連錯誤的責任都不願承認。

運用高壓式管理的責罵方式，部屬因為懼怕於主管的威嚇，在短時間內或許會得到改變，然而在他們的**內心並不是真的認同**，長久下來，一定會發生陽奉陰違的情況，部屬會開始找藉口、隱藏自己的失誤，到了最後，很可能會爆

發更巨大的錯失，甚至到了無法收拾的局面。用高壓的方式，還希望能透過責罵讓部屬認知自己的作為，和應有的理想狀況間落差，藉以得到進步，根本是緣木求魚的想法。

使用高壓式詰問來責罵部屬，絕對只會造成日後的禍害，光是怪罪，不過是讓部屬的意志消沉。重要的是，這和我們希望對方接受與承認自己的問題或不足之處，再去設法改進與彌補和理想狀態的落差，並得到相當的進步，簡直是背道而馳。

「這個錯誤發生的原因是什麼？」「該如何防範同樣的錯誤發生？」要求部屬思考肇因與如何防範未然的質問才是重要的。「我相信你做得到」你可以加上強烈的期待，以及像這樣的溫暖鼓勵：「我知道你會很努力的」，沒有比這更好的責罵質問了。

高壓只會造成反彈，思考原因與解決之道才是責罵的要領。

責罵是希望你成長，不是討厭你

許多人覺得，主管與部屬只要有默契，就可以「只靠意會而不須言傳」，其實這是不對的，也沒有這回事。

在公司跟部屬擦身而過卻沒有打招呼，即使理由是正在專心思考一些事情所以沒注意到，光是這樣的狀況部屬都會開始疑心：「我是否不小心得罪了主管，他正在對我不爽」、「主管是不是討厭我，才不跟我打招呼？」

責罵部屬的時候，如果讓對方誤以為「我被主管討厭了，所以才會挨罵」，在這種心情下，無論你用多麼適切的責罵技巧，也無法把責罵的要義——使部屬了解他們所為與理想狀態的落差，並幫助他們成長改進，正確地傳達到對方內心。

所以，**平時就要讓他們多了解你的想法**，才能避免在責罵時產生不必要的

誤會。那麼，該如何讓部屬明白自己的想法呢？

我誠懇地建議各位主管以下三個重點：

首先要**表達出你的期待**。「我相信沒有事情可以考倒你」，平時就對部屬表達出這樣的訊息，讓他們感受到你對他們的期許，這對主管和部屬都同等的重要。

第二件事就是**對部屬的器重和認同**。「那個主管很看重我」，給部屬這樣的感覺很重要。因此你平常就要盡可能地，多聽取部屬的意見或者提案，願意耐心傾聽部屬的聲音，他們自然就會較有自信，也更加會愛戴主管。

第三件事是**正確表達自己的真實想法**。「責罵你是希望你成長，放任不管只會讓你不知道自己的錯誤。這都是為你好，為了你著想」，真心誠意地將自己這樣的想法說出來，只要你的所為真實反映出你的內心，部屬都會願意追隨，即便是你的嚴詞呵責。

有句話說：「**士為知己者死**」，**人們總是渴求他人對自己的認同**。同樣

地，沒有部屬會樂於接受，對自己評價不高的主管所給予的指示。雖說你和部屬每天都在一起工作，然而不好好正確表達自己的想法，還是很容易讓部屬產生疑慮，誤會免不了就會無地自生。

平時經常表現出對部屬的期待，也讓部屬感受到你對他們的器重與認同，以及多表達自己的真正想法，就不會使他們陷於負面的不安情緒，如此在面對你的責罵時，也就能樂於接受你的指導了。

> ## Point
>
> 沒有人願意追隨只知看輕自己的主管。

12

主動報告失敗，該不該責罵？

　　罵一個有蛀牙的小孩：「不可以有蛀牙！」這種只把焦點放在已經發生結果的說法，是完全發揮不了效用的。

　　「平常不要吃太多甜食」、「吃完東西後記得要馬上刷牙」，想要靠著責罵，讓工作有所成效，你就該連結到日後的行動。

　　事出必有因，你栽種了什麼種子，自然也就會長出什麼樣果樹。作為一個好主管，無論如何都應該**把重點放在發生的原因上**，畢竟不從原因著手，其後果是不可能會改變的。

　　有些主管光只會把注意力放在結果來責罵部屬，「要拿出成績來」、「這樣的結果也太差了吧」，他們總是這樣地斥責。然而部屬並非蓄意不把事情做好，也很想拿出好的成果，可是許多時候，是他們不知道取得好成果的工作方

式，所以即便耗盡盡心力仍然無法盡如人意。

當事情搞砸、失敗了，部屬主動來和你報告，在這個時候就應該不要再加以苛責了。報喜不報憂是人之常情，對於一個要報告不好結果的人而言，那可不是普通的痛苦，**他肯定鼓起相當大的勇氣來向你報告壞結果。**

首先，你應該要感謝他老實地向你報告，讓你可以盡早得知。反之，如果在這個時候你用嚴厲的責罵來對待，那恐怕往後沒人趕再和你報告壞消息了，部屬只會掩藏自己的失敗，你會始終被蒙在鼓裡。

況且對於一個已經過去、確定失敗的結果，即便再怎麼嚴加譴責也是無法改變的事實。

「已經發生的事情，如今也沒辦法改變，現在還是思考能做些什麼補救比較重要！」

當我面對部屬的失敗報告時，開頭都會先講這句話。這麼說並不只是顧慮部屬的心情，而是把焦點放在「還能做些什麼」。

我不會用「你打算怎麼彌補？」這種追究責任式的責備方法，而是把眼光放向未來，讓往後不要再犯同樣的錯，這才是主管最該關心與最重要的事情。

Point

無法改變已經發生的事，該著重的是未來怎麼預防。

領導像「植物栽培」，不是動物訓練

過去我曾經一度以為只要透過叱罵恐嚇，就可以強迫部屬做出我想要的改變。後來我發現，只是一味的怒罵怪罪，根本改變不了什麼。

很多時候部屬因為怕挨罵，會在表面上做做樣子，假裝自己已經照著你的方式做出改變，但持續不了多久就會原形畢露。

這就是誤以為訓練部屬就像「訓練動物」一樣，只要大聲叫罵恐嚇，他們就會乖乖地對自己言聽計從。

其實，對待部屬應該要像「栽培植物」。植物的生長是緩慢的，播種之後也不會立即看到它的成長，但是只要你能夠耐心地持續澆水、施肥，一些時間過後就會冒出新芽，接著莖也伸長了，葉子也繁茂起來，然後才開始冒出一個個蓓蕾，最後開出美麗的花朵。

植物生長是自發性的，也需要一段時間，想要揠苗助長，在一瞬間開花結果，都是不可能的任務。你能做的只是在一旁澆水與施肥，或者藉由間接影響，促進它的自發性成長。

「我們沒辦法直接教會別人，我們能做的只有幫他們自己去發現。」這是義大利學者伽利略‧伽利萊[8]所說的話。

人類的行為本質無法完全依賴別人的推動，而是需要內心自發性的認同後，才會開始作為，如果主管認為都是靠自己來「**推動**」部屬，那是一種非常傲慢與不切實際的想法。

事實上，只有在對方覺得：「對，我想要這麼做」的時候，他才會真正地身體力行，也因此「引導」才是比較貼切的說法。

所以，請把對部屬的指導視為「植物的栽種」，你必須知道，他**不會完全按照你所想的方式做出行動**，你也無法推動他們，而只是藉由引導來協助他們成長。

8 伽利略‧伽利萊（Galileo Galilei，1564年－1642年），義大利物理學家、數學家、天文學家及哲學家，是西方科學革命中的重要人物，被譽為現代觀測天文學之父、現代物理學之父、科學之父。

千萬不要自以為做了什麼，部屬就會馬上改變，就能夠立刻開花結果。當

理解這些道理後，你已經踏出成為好主管的第一步。

Point

部屬成長和植物一樣，自主且緩慢，需要的是「引導」而非「強迫」性推動。

責罵之前,主管該學習的 12 種正確心態

找出每位部屬的優點,
並引導他們百分百發揮

只有無能的主管，沒有無用的部屬

將棋要想下得好，首先要先搞懂每顆棋子的作用與限制，才能發揮它們各自不同的特長。

「只能走斜前方的角棋一點用也沒有」，「飛車只能直線前進根本不行」，會下棋的人不會因為棋子的限制而心生埋怨，這樣子絕對不可能下出一盤好棋。**懂得利用每顆棋子的各自優勢，並且相互彌補缺點，才能妥善布局，把力量發揮到最大。**

「那傢伙根本一無是處」，我們偶爾會遇上這種說自己部屬壞話的主管。

然而並沒有所謂「完全無用」的部屬，事實上只有「缺乏運用他的能力」的主管，無論什麼樣的部屬，都一定有他擅長的領域和突出的才能。

所以只要你正確對待部屬，好好的培育、訓練他們，就必然會有好的變

化。對於那些過去不曾使部屬成長的主管，他們根本很難相信這種事情，便認定那些人是毫無用處而直接放棄。

明明是主管自己缺乏指導能力，無法培育部屬，卻反過來認為是部屬的能力有限、工作意願不高而放棄他們，這是非常不公平也不可取的事。

全球知名商業管理大師彼得・杜拉克曾經說過：「組織的機能是把人的強項與生產力結合，把人的弱點加以中和。」[9]

一位稱職的好主管會懂得如何觀察部屬，能夠找出他們擁有的長處，或是被隱藏的潛能，並且**創造出適當的機會引導部屬發揮出來**，以及透過整合彼此的長處和互補短處，讓整個團隊的力量得以大幅提升與成長，這才是你該學習做到的事！

Point

每個人都有所長，需要主管的發掘與引導。

---

9 引言出自《杜拉克精選：管理篇》（*The Essential Drucker on Management*）。

愛就是理解，關心工作失常的部屬

遇上部屬無法完成某項工作時，原因只有兩個。

第一種原因是，**他沒有正確理解該項工作的做法**。在這個時候，作為主管不能只是責罵，而是**先教會他工作方法跟順序**。

對於尚未熟悉工作方法的部屬，即便你再三責罵：「你的幹勁實在不足，不多加油是不行的」，他也做不到任何改善，除非教會他具體可努力的方法，否則他根本只能陷入原地踏步的窘境。

第二種原因是，他明明理解工作方法，卻無法做到應有的理想狀態。會有這樣的問題發生，有可能在於**部屬的情緒低落**，或是要**兼顧的事務太多**，以致於無法把所有的工作任務做好。

此時，主管必須把管理焦點放在問題的起因，接著想辦法解決。要做好這

點，平常就得時時關注部屬工作的狀態，才能找到真正的癥結所在。

我記得德國知名的社會學者艾理希‧佛洛姆[10]曾經說過：「愛就是理解，為了愛而努力，也就是為了了解所做的努力。」如果你曾經談過戀愛，你一定會過當對方換了個新髮型，自己馬上發覺到的經驗。這是因為關心而時時觀察對方，所以有一丁點的變化都不會遺漏。

你對部屬的工作模樣是否都有印象呢？無論是神情或穿著，還是工作的方式，你是不是有很多事情都沒注意到呢？

要了解部屬，主管必須投注更多的心力。「真想趕快培植這個部屬成為獨當一面的人才」、「希望藉由我的指導，讓他變得更茁壯有力」，如果你有這樣強烈的關愛，自然就會關心部屬；如果有關心，便會不知不覺去觀察對方。

10 艾理希‧佛洛姆（Erich Fromm），人本主義哲學家和精神分析心理學家，「精神分析社會學」的奠基者之一。畢生致力於修改弗洛伊德的精神分析學說，以切合西方人在兩次世界大戰後的精神處境。

和部屬太親近，就會失分寸

當上主管之後，你的角色立場也會跟著改變，跟部屬已不可以再和過去一樣，是要好的朋友關係了。

做為部屬的頂頭主管，你需要對他們下達指示，同時也會時時刻刻緊盯工作的進度，要求達成工作的目標。而你也需要開始設想，如何透過每一項工作的實踐、要求，加上好的責罵技巧，來讓部屬理解自己的不足進而改善，讓他有所成長，這是身為主管必須要做到培育部屬的職責，是主管不容推諉，必須要扮演的角色。

然而，可不是每個部屬都是乖乖牌，樣樣都會對你言聽計從，當中還有某些人會採取反抗態度，任何當上管理職的人，都免不了曾經為這種孤獨感與無力感而煩惱、痛苦，**這是每一個主管必經的道路。**

為這種事苦惱的主管，一開始總會面臨兩個抉擇，內心掙扎不已。其中之一是想規避眼前的這種苦痛，選擇跟部屬維持良好友誼，當一個「朋友型主管」；另一個就是忍耐這份孤獨與痛苦，希望自己成為「**務實型主管**」而繼續堅持與努力。

要是你選擇了「朋友型主管」，接下來會如何呢？

我自己當初剛開始也是選擇這條路，這是一條從短期來看比較輕鬆的道路，可以跟部屬打成一片，在氣氛融洽、感情良好的環境中當個太平主管。可是沒過多久，**許多壞處就逐漸浮現了。**

首先，因為你跟部屬過於要好，**他們會變得沒大沒小、失去分寸**，甚至不把你看在眼裡，團隊也因紀律鬆弛，失去了緊張感。就結果來說，會逐漸變得更加難以領導。

當主管和部屬的情感過於要好的時候，你就很難對部屬下達他不喜歡的指示，到了萬不得已時，**你還得對部屬低頭拜託，央求他們多幫忙配合。**

在這種主管麾下工作的部屬，絕對不可能成長，況且主管無法依照真正該做的、該要求的來管理，團隊業績當然也不會有所提升。這條看視輕鬆的道路，結果卻會在不久的將來讓你承受極大的痛苦。

那麼選擇忍受孤獨，和部屬保持分寸當個「務實型主管」，又會如何呢？

一開始，部屬會因為無法和你交心而不太聽話，你或許會很辛苦。然而在這段辛苦期間，**你將會一點一滴了解如何拿捏分寸，探知該怎麼跟部屬互動**，以及維持在什麼樣的距離可以有效地領導他們。

也就是在追求實踐自己應盡任務的探知當中，自然而然地培養出符合主管職務的能力。

Point

和部屬太過親近，只會讓他不把主管放眼裡。

04

保持距離，才能建立「有效領導權」

假設你跟家人或者非常要好的朋友約見面，然而你卻因故遲到，你會把這當成很嚴重的事而緊張嗎？或者你會認為，只須在見到面時說幾句「抱歉、抱歉」，就應該沒問題了。要是看見對方因為你的遲到，臉上露出有些生氣的表情時，你應該也會說：「不要這麼生氣嘛」。

照理說，你不會認為這件事情有多嚴重，因為你們之間是那種可以容許任性、撒嬌和不需要客氣的關係。

但如果這位朋友剛認識不久，你又會怎麼想呢？你可能會連忙在事前就用簡訊或其他聯絡方式告訴他遲到的理由，以及自己會晚到多久，在一見到面時應該還會低頭致歉。要是對方為你的遲到表示生氣，你可能會很緊張，一整天都把這件事放在心上。

很明顯地，你會依據自己跟對方的心理距離，採取完全不同的態度，這一點在職場上也是一樣。

當主管與部屬像朋友關係一樣親密時，無論你怎麼斥責他，對方也會說：「請你不要這麼生氣，好不好！」他會和剛剛你跟自己家人見面遲到的心情一樣，不會把這件事看得很重要，你對他的責罵也就無法發揮作用，將想法正確地傳達給對方。

主管與部屬沒有保持一定距離、過於親密是不好的，畢竟部屬常會因為和主管感情太好，而無法適應主管不留情面的嚴格要求，又或者會不在乎主管的責罵，認為「反正我們好得很，他不會對我怎麼樣的」。

所謂「很喜歡」、「感情很好」跟「指揮得動」、「指導得來」是完全不同性質的人際關係，保持一定的距離，才會有相當的緊張感，如此主管和部屬的關係才能夠穩當。

法國前總統戴高樂[11] 說過：「偉大的人物會跟群眾保持距離，因為缺少了權

---

11 戴高樂（Charles de Gaulle），法國軍事家、政治家，曾在第二次世界大戰期間領導自由法國運動，戰後短暫出任臨時總統，1958年成立法蘭西第五共和國並出任第一任總統。在法國通常被稱為「戴高樂將軍」（Général de Gaulle）甚至簡稱「將軍」（Le Général）。

威或威信就成不了事。若不與世人保持距離，便無法建立威信。」

特意討好、希望拉近與部屬的距離，只會被他們所輕蔑，主管必須與部屬

保持一定的距離。

Point

想要保持有效領導權，就不要跟部屬走得太近。

05

提高主管的責備能力，公司才會成長

對學生而言，下面哪一個才是真正的好老師？

A老師：總是很溫柔，很少呵責學生，有時還會說：「今天休息不上課了，讓你們去運動場玩玩吧。」三不五時地放任學生去打球。

B老師：要是學生做錯事，就會嚴厲的斥責，對讀書也特別嚴格要求，考試成績不好的學生，還會幫他們補課加強。

廣受歡迎的應該是A老師，學生們每天上學都會很期待。可是長久下來，跟其他的班級相較之下，學習落後是必然的結果，等到下學年開始更換其他導師之後，這些學生很可能就會跟不上了。

B老師則比較不受學生喜愛，甚至大家很可能對他有所畏懼，每天到校上課，對學生們而言變成是個痛苦過程，然而當學生們習慣了要求，不再感覺辛

苦後，他們的成績也就越來越好。

表面上應該是A老師比較受歡迎，但真正為學生著想的卻是B老師。那麼，你是比較像A老師，還是B老師類型的主管呢？

「企業走向成功還是步入失敗的決定性差異，在於組織能引導出多少員工的能量與才能。」這是ＩＢＭ電腦公司前執行長湯瑪士·華生二世[12]說過的話。

今後的商業時代，培育人才的能力將會左右企業的成長；主管如何栽培每一個部屬，將決定企業的未來。儘管聚集了優秀的人才，若是被配屬到一個不會責罵人的主管底下，很快就會變成一個廢物員工。

反過來說，無論是什麼樣的人，倘若他的主管很懂得責罵要求，時時刻刻把培育部屬放在心上，無須太久，他就會因為主管的明確指導，成為一個優秀的員工。因此，提高主管的責備能力，是企業成長的關鍵因素之一。

12 湯瑪士·華生二世（Thomas J. Watson, JR.）1956年擔任IBM執行長，不久後兼任董事長。他所領導的IBM不僅度過危機並且持續成長茁壯，為商業界人士所稱頌。

> **Point**
>
> 受歡迎不代表是好主管，也不一定是企業想要的。

你認為部屬很爛，他就會自暴自棄

教育心理學裡有個名詞叫「畢馬龍效應」。這個效應於一九六○年代由哈佛大學的心理學家羅伯特・羅森塔爾[13]實驗證實與提出，意思是說，當老師對學生抱持著正面期待，學生的成績表現就會因此提升。

實驗中，羅森塔爾跟某個班級導師說，將會在他的班級實施智力測驗，並且能確切預測學生學習能力與未來成績的表現。然而，其實這個測驗根本無法預測，而且也不管成績如何，只是隨意從名冊中選出幾個學生給導師，隨後再告訴他：「這幾個孩子將來的成績一定都很好。」

在這之後，導師就會期待這些獲選者的成績會向上提升，也開始關注這些孩子們，一年後，果然被選中學生的成績，都比其他孩子高出很多。

原來，老師的期待與學生的成績成長是有關聯的。

---

13 羅伯特・羅森塔爾（Robert Rosenthal），加州大學河濱分校社會心理學家。他的主要領域是自我應驗預言，尤其對畢馬龍效應（Pygmalion Effect）作了許多研究。2003年獲頒美國心理學會心理科學終身成就獎。

於此順帶一提，「畢馬龍」這個詞出自於希臘神話，原本是一位很會雕刻的國王的名字。

有一天，他得到一塊非常棒的大理石，就拿來雕成一個他理想中的女性，由於這個雕像實在太完美了，於是畢馬龍國王愛上了自己雕出來的大理石像。

他開始不斷向天神祈禱，讓這座雕像能夠擁有生命，掌管愛情的女神阿芙蘿黛蒂聽見了國王的祈求，便將生命賦予給了雕像，兩人不久後便結婚，一直過著幸福的日子。

其實任何人都擁有一定的潛在能力，當我們在觀察部屬的時候，都要心存那個人擁有很大可能性的念頭。如果你只是認定「那個傢伙肯定沒辦法」、「算了，無論我再講多少次他也不會懂」，以如此負面成見來看部屬，那麼絕對無法培育出最棒的人才。

而且，當你內心認為誰不行時，**那個人都會感受得到**，都會知道你對他的負面評價。

從現在起，不要再戴著有色眼鏡看部屬，要經常保持著「我一定可以將他引導到理想狀態」的信念，如此一來，依照畢馬龍效應的原理，對方很快就會有大幅的成長。

Point

正面期待部屬，他就會進步，給與負面評價時，部屬也一定會感受得到。

07

不只看，還要能看見

自從某一天我覺得「好想買個LV的名牌包」那瞬間開始，我就變得非常注意別人的LV包。然而在這之前，無論有多少人背著LV包在街上行走，我從來都視而不見的。

這樣的改變讓我感到很不可思議，「我想要擁有這個東西」，從這念頭開始的剎那間，我整個人的注意力完全改變了。

儒家經典《大學》裡頭有一段話是這麼寫的：「心不在焉，視而不見，聽而不聞，食而不知其味。」意思是說，倘若你心有旁騖，那麼即便眼睛看了、耳朵聽了，嘴巴吃了也都不會有任何感知。

在指導部屬方面也是同樣的道理。平常工作的時候，倘若你沒有用心去想，只知道看部屬的表面，是無法找出他有哪些需要指導的，也無法察覺到有

哪些該稱讚、該責罵的地方。

要發現這些事情，該怎麼做呢？主管心目中要有一個理想的狀態，先要預設「希望他變成這樣的人物」時應有的模樣，然後就會有準則可以依循：和別人交換名片時應該如何；電話的應答應該如何；商談事情時應該如何等，期望部屬該有的各式各樣理想狀態。如此一來，許多指導要點就會清晰地躍然眼前，部屬該做不到位，你也就可以加以責罵要求，做得好的也能夠給予讚美。

培育部屬最要緊的是「看得見」。要做好責罵，就要分三個階段來「看」。

第一個階段的看，是「觀察」。對於部屬的工作細節，包括舉手投足的微小動作都能仔細地觀察。

第二個階段的看，是「評價」。依據你所觀察部屬目前狀態，和應有的理想狀態做出比較，並且確認、評價兩者之間的落差。

第三個階段的看，是「確認」。當你的觀察、評估有了結論之後，對於部

屬不好的地方就要予以指責，並且讓他可以改正過來。

Point

「觀察→評價→確認」牢記這三個階段才能做好責罵。

08

緊盯部屬的缺點，會使他失去自信

在職棒運動中，從來沒有過能當第四棒強打，還是王牌投手，又是盜壘王的球員。一位好的教練會依據各個選手的強項，如腳程快或臂力強，然後把他們安排到可以發揮長處的位置。

只要讓每個選手的長處都得到最大的發揮，以及協助球員精進這些長處、變成利器，就能把團隊實力提升到最高。

「你如果不能把業務、行政、管理全都做好，真的很傷腦筋耶」、「你要兼顧速度與正確性」，有些主管會像這樣，要求部屬像電影中的超人那樣無所不能。

然而，**每一個部屬必然都有他自己的個性，也有擅長和不擅長的工作**，期望部屬面面俱到、做到一百分，是萬萬不可能的。「他做報告的能力一支獨

秀，但是說到行政工作就完全不行了」，像這樣的人，如果你一直拿他很不擅長的行政工作來要求，要他改進克服，到頭來也不會有任何成效，**甚至只是造成部屬灰心喪志**，連他原本擅長的能力也跟著消失。越是嚴厲斥責，部屬的自尊心就越受傷，越來越失去自信，跟著被精神壓力所擊垮。

無論怎樣的人一定都有擅長的某一項事務，別做出無理的要求呵責，而是要徹底去了解對方的個性，讓他發揮所長吧。

作為主管的人必須要了解一個道理，那就是人總是習慣寬以待己，嚴以律人，很容易只注意別人的缺點。因此，你要自我提醒，盡可能地找出每一個部屬的優點，讓他盡情發揮長處，這才是一個好主管該有的管理意識。

法國料理可說是全球最出眾的飲食文化之一，在法國，有句經典格言說：

「一流主廚會為了做出最棒的料理，而去蒐集最好的食材；然而，超一流主廚則是使用現有的食材，做出最棒的料理。」

想要成為公司超一流的主管，就不應該抱怨自己無法選擇部屬，而是去培

養現在的部屬，要讓現有成員個個都能發揮所長，發揮自己最大的能力。

Point

對部屬不擅長的事來嚴厲責罵，只會讓他擅長的能力也跟著消失。

主管的「精神訓話」，就免了吧！

如果你常常覺得部屬很無能，或者部屬看起來很笨，那麼你已經罹患了「主管大頭症」。要是你又不夠小心，部屬都能感受得到你的想法。

這些大頭症主管，會用輕蔑的態度訓斥部屬，總是以傲慢的口吻教訓自己的部屬：「我完美，所以當上主管；你有缺點，所以你是部屬」，語氣中充斥著鄙視感，讓部屬受到過度傷害。

這樣的概念是對的嗎？請回想過去，當自己還是個基層職員時，也絕對不可能是個完美員工，但是當時的主管還不是容忍你的缺失，還不是依然用心地栽培你？

此外，像這樣的主管還喜歡隨意把部屬叫來，胡亂地對他進行精神訓話：

「你啊，就差那麼一點堅持！」「多拿出一些幹勁來吧，你的毅力可以再加強

喔！」

也許罵人的一方會覺得已經熱切完整表達出自己的想法，但是絕大部分的狀況是根本沒有順利傳達出自己的想法。

許多部屬並非只想偷懶，他們也希望自己工作上有所成就，也都會做出一定的努力，只不過他們的工作與努力方法，最後沒有導向好的成果。要是你有事沒事就對他們精神講話，要他們「再拿出些幹勁」、「再多打起精神來」，部屬就會覺得「自己再怎麼努力，似乎都不會得到認可」，就會日漸累積不滿的情緒。

更何況，「要再多拿出一些幹勁來」這種精神型訓話，**被叨念的部屬也完全不明白「該從哪裡加強？該改變哪裡？可以怎麼改變？」**也就無法實踐責罵的重要目的──讓他發現自己的不足。最後的結果，部屬非但沒有反省或改善，只會更加失去幹勁而已。

無論主管再多的精神訓話，都無法增加部屬的工作能力，因為這種模式都

無法實現責罵的原則——幫助部屬發現問題與找到改善的方法，以及讓他們把

這個方法變成習慣。所以，主管的精神訓話，就免了吧！

Point

不是讓他們「拿出幹勁」，而是讓他們改變「做法」。

10

管理用人，一定要懂得「破窗理論」

喬治・凱林博士[14]曾提倡過「破窗理論」，意思是：某棟建築物如果有片窗戶玻璃破掉卻置之不理，大家就會認為這棟房子沒有人管理，於是其他窗戶也會遭到破壞，接著垃圾也會丟棄於此，該建築物所在區域的環境隨之惡化，犯罪事件就會開始增加。

當第一片窗戶玻璃被打破，卻無人聞問加以修護，就會引發別人仿效，破壞其他的窗戶玻璃，最後的結果是變本加厲，其他事物也將隨之失序，混亂會越來越大。

一九九三年魯道夫・朱利安尼[15]就任紐約市長時，他靈活運用了「破窗理論」，重新讓紐約犯罪之都的形象煥然一新。

朱利安尼首先強硬取締，諸如地下鐵塗鴉等，長久以來一直無法改善的輕

---

14 破窗效應（Broken windows theory），為一犯罪學理論，由詹姆士・威爾遜及喬治・凱林（George L. Kelling）提出，發表於《The Atlantic Monthly》1982年3月。此理論認為環境中的不良現象如果被放任存在，會誘使人們仿做，甚至變本加厲。

微犯罪，在他就任僅僅五年時間，這個國際型大都會的犯罪數量遽減，殺人案件減少了六七・五％，強盜事件減少了五四・二％，對婦女施暴的狀況也減少了二七・四％，紐約街頭恢復了治安。

治理公司也是同樣的道理，倘若對於一些小小的違規放水，「這點小小違規應該沒什麼關係」的氣氛，便會逐漸蔓延開來，企業組織也會越來越紊亂。

要阻止這個情形發生，就有賴公司主管幹部的要求，必須讓自己的部屬遵守規則。

主管對於遵循規則的嚴格要求很重要。比方，遵守時間是一件很重要的事情，即使遲到一分鐘也算遲到，如果你原諒了這個，那麼對於遲到兩分鐘的人該怎麼處理？晚三分鐘到的又該如何呢？到了最後你必須一直對這個問題感到苦惱。

再者，**規則標準的客觀化也是不可缺少的一環，**如此部屬才能確切知道什麼可做，什麼不能違背。就以對染髮的要求為例來說，如果規定「不可以染成

---

15 魯道夫・朱利安尼（Rudolph Guiliani），於1994年至2001年間擔任紐約市長，任內致力降低犯罪率並改善城市生活的品質。在世界貿易中心遭受恐怖攻擊的九一一事件期間，他以突出的坐鎮領導能力而聞名全球，使他被《時代》雜誌列為2001年的年度風雲人物。

褐色」，這個規則標準是很難判斷的。在我的公司，我會準備好顏色樣本，讓他們客觀地了解「染髮的程度到幾號色為止都是被允許的」，如果超出這個範圍標準，就會當作是違規而予以警告。

對違規者放水，等於讓其他遵守的人看起來就像傻子，所以無論部屬用嘻嘻哈哈的方式想矇混過關，或是施展苦肉計向你賠罪，想讓你輕輕放下，都是不可以允許的。

只要放過一個人的違規，你就無法再責罵其他人了。即便所犯的只是一點小違規，當你不以為意之後，都會像雪球般地越滾越大。

Point

對小差錯放水，只會讓事態變嚴重。

11

大失敗要鼓勵，小失敗要嚴厲

　　凡事都要貫徹始終，即便是平凡小事也必須要徹底執行。主管對於部屬的指導，必須從一般平常事務的徹底做到開始。與人打招呼、對話的用字遣詞，維持辦公室的整潔，個人服裝儀容的要求等，這些看似理所當然的事情，都需要徹底的教育。

　　枝微末節的尋常事情，部屬經常不怎麼放在心上，容易疏忽輕視，所以主管更應該講究，直到部屬能完全做好為止，透過貫徹這些小事，不斷重複警醒部屬，團隊組織就不至於鬆散，就能夠防微杜漸地避免導致大失敗。

　　當部屬遭遇失敗時，主管必須仔細觀察他們的態度，確定以下三點：

　　一、有正確理解自己做的事情嗎？

　　二、對自己的責任有自覺嗎？

三、有真心的在反省嗎？

倘若發現部屬的自覺與反省不足，你就要明白地指出來，一定要確實的責罵。「我真的感到很抱歉。」像這種表面化的道歉，不可以隨便接受而就此打住，因為重點不在於責怪或要他道歉，你必須追究詰問，今後要如何改善。

反之，假如部屬明白自己的責任與深刻的反省，並且為此深覺非常沮喪的話，主管就沒有必要窮追猛打，相反地，你更應該**和他一起思考失敗的原因，然後鼓勵他們。**

發生重大失敗的時候，部屬會對自己的行動感到懊悔，嘗到重大挫折的滋味肯定很不好受，這個時候主管的鼓勵變得很重要。那麼遇上小失敗的時候，部屬很可能會輕忽，這種時候主管就必須切實地責罵，因為小疏忽、小差池，很多時候會是大失敗的溫床。主管記得要正確掌握部屬的心境，採取最適當的責罵方法。

Point

大失敗要鼓勵，小失敗要嚴加要求。

12

就算被討厭，也要把規則定下來

訂定新的規則，並且讓公司內部徹底遵守，這是一件很辛苦的工程。假設定好規則所付出的辛勞是一分，那麼把規則的意義和內容確切達給團隊，所需要的辛勞就是十分，更進一步地讓所有成員遵守規則，所耗費的辛勞應該是百倍以上。

當部屬破壞規則的時候，你絕對不能放過。千萬別認為這只是無關緊要的一點小事，就睜隻眼閉隻眼地不想為難人，這種想法根本不是體貼，而是懦弱、天真。

如果對於違反規則的部屬視而不見，就這麼算了，你知道後續會發生什麼事嗎？身為主管你必須要了解，今日的責罵與否都會成為一項實績，都會被部屬當成是明日的準則，當下次再有人違反了同一個規則時，要是你給予責罵，

對方很可能會頂嘴說：「上次某某犯了同樣的錯，你不是連一聲都沒吭嗎？」

屆時你就麻煩了。

今日迴避該有的責罵，明日你將付出往後拖延代價。主管想要定出明確的團隊規則並讓部屬接受與遵守，以下三點很重要。

首先，**要擁有把規則定下來的熱忱。**「即便變成人見人厭的傢伙也要讓全體人員都遵守」唯有這樣的決心，才能踏出第一步。

第二點，**要徹底明白告訴部屬，定下規則的背景與原因。**確實讓人理解訂定規則的目的、理由，是非常重要的。

「為什麼要做這件事？」「選擇採用這個方法的理由是什麼？」「如果沒有遵守，會有什麼樣的風險？」你必須要積極且明確地讓部屬知道原因。

第三點，**盡其可能找到具有使命感的人來當複查員。**公司是人的集合體，若是每個人都不關心、也不在乎，無論任何規則，即使大家都知道了，也都是虛假毫無意義的。

「誰可以來關注並指導每一個人的行動？」想要讓制度可以長期延續並讓大家確實遵守，指導的角色萬萬不能少，你必須找到一些人來幫這個忙。

當規則想清楚與明定之後，無論如何都要堅持下去，絕對不可半途而廢。

越囉嗦、越執拗的主管，才越是懂得栽培部屬的好主管。

Point

即使變成一個討厭鬼，也要讓團隊的規則定下來。

第 **4** 章

最有效的職場
責罵技巧大公開

如何當一個會罵人
且一樣受敬愛的主管？

01

三成安打率的部屬，夠好嗎？

假設現在你是一個少年棒球隊的教練，當上場打擊的球員被三振時，你會不會痛罵他：「臭小子，竟然被三振，你在搞什麼鬼！你要怎麼負這個責任？」又或者你應該會對他說一句：「沒關係，下次再加油。」

那是因為你知道，即便是一名強打者，打擊率最高也頂不過只有三成左右，擊出安打的機率遠比出局的機率低很多。

根據資料顯示，會聽從主管指示的部屬，並且按照指示行動的只有三成而已。我相信這個數字對於實際上有帶人的主管而言，必然湧上一股與我心有戚戚焉的感受——「部屬就是打擊率三成的選手」。

主管會對部屬生氣，許多時候是因為他們沒有按照自己的期待工作。

「之前不是已經提醒過你了？到底要讓我說幾遍？」

「為什麼連這麼簡單的事情都不會？」

就是因為原本以為「應該做得到」，最後結果卻和你的預期不符合，於是開始感到不滿、氣憤，然後轉化為行動的衝撞、怪罪。

過去當部屬做不到我所指示的工作時，自己也是氣得半死，但自從我懂得把部屬當成是「安打率三成的打者」之後，很不可思議地，此後我便不再為此動氣了。

只要改變想法，理解到「畢竟做得到的是少數」這個前提，一切就都會往好的方向邁進，也就不會有不必要的，對事情無助的氣急敗壞。如今即使是簡單的工作，只要部屬能夠好好完成，我都會對他們說：「謝謝，辛苦你了」，真誠地表達我的感謝。

由於我很清楚，若是放手不管的話，部屬做不到的機率會比較高，所以我在過程中就會仔細確認部屬，對我的指示是否有足夠的理解，以及是否實際遵循著好好進行。也因為**在過程中的關注與了解**，當結果達不到我的想像時，我

也就不會發怒，而是跟他們一起思考下次可以怎麼做到。

只因為稍加修正了一些對部屬的期待，我就讓自己的情緒化次數大幅降低，也請你依照現實狀況，把部屬當成打擊率三成的球員吧！

Point

打擊率有三成的部屬，已經很不錯了。

只要有效果，責罵一百次都值得

「前幾天，我都已經嚴厲斥責，部屬也表示歉意與反省，他一定知道該怎麼做了吧。」在我責罵過後，內心總會這麼想。

明明只罵過一次，卻懷抱著對方肯定會有所改變，這樣的期待到了最後都只會遭到完美的背叛。當時的我很難接受也無法理解，**該說的都說了，該罵的也沒放過，為什麼還是做不好呢？**

後來經過再三思考，我也就了解對方不可能輕易改變的原因了。只要曾經有過帶小孩經驗的人就會懂得，要想改變孩子錯誤的行為可沒那麼容易，光想靠一兩次責罵就見效，絕對是一種大人的癡心妄想。同樣一件錯誤少則幾十次，多則上百遍，他們才終於會聽懂，才有改善的可能。

即使和我們自己血脈相連、共同生活的孩子，都沒有辦法輕易改變他們，

就更別說部屬了。

管理一個團隊，你必須要有「講幾十次他才會懂」的心理準備來和部屬溝通，如此你就不會為了自己早有說過，部屬卻仍然不懂而勃然大怒，因為你知道這是再正常不過的事了，當然更不會因此感到沮喪而放棄努力。再者，部屬也不會因為你責罵的內容有多麼正確，就很快地吸收與接納，畢竟人是不會因為理論而有所行動。

要有和部屬比賽毅力的打算，你就是要一個勁地重複指導同一件事情，改變的行動才會就此開跑，這將會是你要長久持續的任務使命──同樣的話要講幾十次、幾百次。

「我之前才剛剛提醒過，我實在很難再講同樣的話。」別洩氣，如果部屬沒有做到應有的程度，你仍舊要苦口婆心地一講再講，直到教會他了解為止。

「總有一天他一定會懂」，相信這個人的可能性，選擇在不同的地點、時機，不斷地教導，直到他學會之前，你都不能輕言放棄，對「指導部屬」的堅毅不

懈，是一個好主管應有的態度。

因為你知道，凡事不可能馬上變好、立即做到位，所以你不會為此焦慮；

因為你有一顆不願放棄的心，就能培育出好的部屬。

Point

只要對部屬有幫助，責罵一百次都值得。

03

加分主義與減分主義

以理想狀態為基準來責罵部屬，這是對的嗎？

倘若你把一百分當成是應該有的水準，只要哪邊沒做好就畫上Ｘ，你開始像警察似地仔細盤查：「這裡不行喔」、「那裡也差一些」，對於不滿意的地方一個個地扣分。用這種扣分主義來責罵部屬，你所扣減的不只是分數而已，還包括讓部屬越來越喪失自信和熱情。

請你記得，我們不是為了幫部屬評分才責罵他們，而是要他們發現自己的過失，找出可以改變的方法，最終他們可以改善進步。

扣分主義是以理想狀態為標準，用「這裡不行」、「那邊沒做好」的方式來責罵，是下面的公式──

【從理想來看現狀】＝關注不足之處＝扣分主義的責罵法

相反地，從部屬現狀來和理想狀態做比較，著眼的是可以怎麼做來接近理想的狀況，就算現在只是六十分，也會因為責罵而發現應該改正的地方，然後逐漸提高到六十五分、七十五分甚至是八十分。

加分主義則是以部屬現狀為重點，強調以「這裡再修改一下會更好」、「那邊如果改成如何就完美了」的方式來責罵，就是下面的公式——

【從現狀來看理想】＝關注需要改變的地方＝加分主義的責罵法

請你運用這種加分主義的想法來責備部屬，這不僅會讓他們發現自己可以改善之處，更能增加願意改變的動力。

比方說，假如被罵「你做的文件，這個部分不行」就會讓對方覺得不只是文件做得不好而已，連自己的能力都遭到否定，此時內心肯定很受傷。如果你換個說法：「你的文件只要再修一修這裡就很好了」，這給人的感受就會截然不同，對方會很清楚地知道你是在指導對他有幫助的內容，就會易於接受你的指示。

扣分主義的責罵法，只是在部屬的答案紙畫上圈叉；加分主義的責罵法，就像是用紅筆增刪，然後寫上好的建議。你採取選用什麼方法，對方的接受程度也會截然不同。

責罵不僅要能指出錯誤、不足，更需要對方樂於接受，否則再好、再對的事，當對方有了情緒反彈，也就會失去意義。運用加分主義責罵法，向對方提出改善提案，建議新的目標，更能產生激勵。

「加分法」責罵讓人有改善的熱誠，「減分法」只會令人沮喪。

04

責備，不是翻舊帳

你把焦點放在哪裡，對部屬的責罵內容也會有所不同，但你不可以用當下來看過去，以這種態度來呵責對方。

翻舊帳會把重心放在追究責任，你的口氣都會集中在「你怎麼會發生這種錯誤，真是要命」，「這下子你打算怎麼補償呢」。讓部屬反省固然重要，但是木已成舟，把所有的責難放在過去又有何用，對事情改變沒有一絲幫助。

「你怎麼這麼糟糕，竟然犯下這種錯誤」，「你闖大禍了，你會想怎麼賠償呢」，這樣罵人，就是追究責任型責罵法。

【由現在看過去】＝追究責任型責罵法。

然而，若是我們換個想法，改從「現在看未來」責罵部屬的話，就會是問題解決型的責罵技巧。「今後你可以從這點改善，只要能做到這點，你很有機

會成為更優秀的商業人才」，像這樣的責罵用語，不僅凸顯錯誤，把焦點放在未來，是真正可以解決問題的方式，也是受責罵部屬較容易接納的模式。

「下次若是你改成這麼做，就不會再犯錯」、「你只差沒把這裡做到位，若是改過來你就不會失敗了」，這樣的責罵是解決問題型責罵法。

【由現在看未來】＝解決問題型責罵法

職場工作和一般的運動比賽，比方棒球或者足球比賽是不一樣的，運動賽局會有結束，但工作沒有結束這一回事。即使部屬犯了大錯，當下也不會宣告比賽結束，一切都玩完了，失敗也並非敗戰的輸家，所以別因為犯錯而責罵，是要透過責罵，協助他下次不會再犯同樣的錯誤。

請你把目光放在未來，鼓勵部屬了解這是過程，就從這裡學習然後讓它成為養分。

身為主管，要求部屬成長比要求他成功來得重要。

如果你只是一味地要求成功，那麼失敗就會變成精神壓力，會讓工作本身成為一件越來越苦的差事。但如果追求的是成長，就連失敗也能成為契機，無

論是不小心失誤也好，客人投訴也好，意外事件也好，開發失利也好，麻煩難解的問題也好，這一切都將可以帶來成長。

透過這種信念的把握，就會帶給我們力量。

Point

追求的是成長，而不是成功。

05

寬容的主管，只會讓團隊崩毀

「那個人很可怕」被部屬這樣認為的主管，往往是可以獨當一面的人。這種主管之所以能讓部屬戒慎恐懼，並不是遇事容易情緒化，只會用苛薄的言語來怒吼部屬的驚世主管，而是為人謹慎，對於守規矩十分要求，誰膽敢破壞一定會遭到嚴厲的責罵。

「恪守原則，不為所動」，是這種主管的可怕之處。

假如你不願意當個讓部屬害怕的主管，你就會開始對於不遵守指示的部屬放水，那會怎麼樣呢？這麼做將讓大家誤以為「不用管那個傢伙怎麼說啦，隨便聽聽就好」，於是再也沒有人把主管當一回事，你的領導力將受到嚴峻的挑戰。若是對於不遵守規則的部屬放任不管，又會是如何呢？「規則只是參考用的文件，遵不遵守根本沒人在乎，何必當個認真的呆瓜呢？」於是大家必然會

開始疏忽怠惰，甚至會影響原本認真負責的員工。

「夫火烈，民望而畏之，故鮮死者。水懦弱，民狎而玩之，則多死焉。」

這是出自《左傳》的話。整句的意思是指，烈火是可怕的東西，所以人們會感到懼怕而不敢靠近，於是因火而死的人就少了。另一方面，水看起來很沉穩安靜，人們會覺得沒什麼危險，而經常在水中玩耍，反倒較多人因此溺斃。

寬宏大量的主管，就會產生過於驕縱的部屬，於是沒有人會聽從你的指示，做錯事、趕不上工作進度也無所謂，團隊組織開始崩毀。

為了確保整個團隊的規律和工作上緊發條，嚴格要求部屬遵守規定和合乎規矩是必要的。所以你要當個「囉嗦的主管」、「頑固的主管」，讓他們對你的威嚴和嚴厲，時時懷抱著恐懼之心。

Point

「嚴格如火」讓部屬戒慎不出錯，「寬容似水」只會帶來懈怠退步。

責備要熱切正面，不能冷靜漠然

前幾天，我閱讀了一本關於「熱能」的書。熱能的傳遞是只能由熱到冷的單行道，溫度較低的物體無法傳達到較熱的物體上。這個道理不只在物理世界是如此，在人世間也是一樣，**缺乏熱情的主管，他的想法就無法傳達給部屬。**

責罵部屬的時候，不能過於客氣，一味地用迂迴的方式，平靜無波地講是不行的，**你擔心會傷害對方的念頭，反而會阻擾對方的成長。**

正所謂「良藥苦口」，許多時候必須要有熱過頭的準備，部屬才會感到嚴重、才會反省，即使責罵的用詞有些嚴厲，但只要能散發出想栽培部屬，希望他可以成長的熱忱，對方一定可以感受得到。

我自己多年的經驗當中，也是經常在指導部屬時，會不由自主地熱血沸騰起來，並且事後又覺得表現欠妥當而感到後悔，擔心對方會不會因此受到傷

害。然而當看了部屬後續呈上來的檢討改進報告後，很不可思議地，我以為自己熱過頭的斥責方法，卻讓他們有正面的感受，而在文件上寫著「那句話影響了我」、「我現在很感謝您」等的回應。

所以，冷靜的責罵不一定是好的，充滿熱忱，即便有些嚴厲的責罵，反而能讓部屬真正感受你的熱忱，對你有所感激。

當你的出發點是急切希望對方可以成長時，你就會滿身熱忱，也就很容易越罵越熱，就有可能發揮巨大的效果。這可說是主管認真栽培部屬的實證，這種懷抱著愛的責罵，許多時候都比技術良窳來得重要許多。

冷靜且淡然的說教方式，有時候對方因為無感而沒聽進去，當你的起心動念是希望對方成長，這樣的熱情化為熱切語言時，即便是情緒高漲或可能一時之間有些衝突，事後依舊能打動對方的心，促使他逐漸成長。

Point

責罵時，只要抱持幫助部屬成長的熱忱，即便有些衝突，事後部屬都會感激。

07

帶有偏見的責罵，只是發洩情緒

跟我公司簽約合作的月極停車場，是一家中堅型企業的子公司，從該企業退下來的人就會到那裡擔任管理職。

某天，有位新的管理人上任了，這人看起來相當冷淡，即使主動打招呼，他連個微笑都不會回。當停車場其他員工全都忙著工作的時候，他還是擺出一副自以為很了不起的姿態，端坐在椅子上。我只有偶爾看見他在停車場的四周撿撿垃圾，完全沒看過他做其他的事。

我心想：「這個老傢伙以前必定是母公司的高階主管，真是令人討厭到不行。」當時為了此事，我心中還頗為忿忿不平。

有一天，我去停車場開車時，現場已經滿滿都是客人在等待，所有的管理員都忙得不可開交，即便在這樣的狀況下，這個老傢伙還是不動如山地坐在他

的寶座上頭。

久候多時使心情欠佳，火大地向其中一個管理人員抱怨：「那個人看起來不是很閒嗎？為什麼單單他可以如此偷懶，睜眼看著客人在苦苦等待？」

對方接口說：「讓您等這麼久，真是很抱歉。他上個月腦梗塞病倒了，現在還正在復健中。走路還沒有辦法走得很穩，煩請您再稍等一下，我們會趕緊努力來填補他的工作。」

我為自己的無知而惱怒，並且也覺得非常羞愧，當場就向他們深深地鞠躬道歉。

從那天之後，我看這位管理人的眼光就此改觀，他還是面無表情地坐著，還是不太走動，但我已經沒有任何憤怒的情緒。只要看到他在停車場四周打掃的身影，我就會在心底為他暗自喊著「加油」。

這個例子告訴我們，即使是同一個人，做同一件事，**也會因為你理解的方式而有全然不同的評價**。看待部屬，同樣也不能有既定的刻板想法，如果有了

先入為主的觀念，對他的看法便會產生扭曲，如此帶著成見地責罵，又如何讓對方信服，他又怎麼可能成長。

正確理解對方，才能得出正確的評價；缺乏正確的評價，就不可能做出有效的責罵。

搞清楚一切，才可以罵人。

不能選擇性的責罵，該罵就罵

幾十年前，在一次的公司聚會結束後，大夥互道再見，我負責把一位已經酩酊大醉的年輕員工送回家。

他實在喝太多了，連話都講不清楚。我攔了輛計程車，費力地把他弄上車，接著我和司機說了目的地。就在車子上路時，他迷糊且滿口酒味對著我說：「嶋田先生，你都會嚴加斥責A跟B，卻從來不責罵我，為什麼呢？請你也罵罵我吧。」一路上他不斷重複這句話，一直講到車子在他家門口停下。事後當我和他聊起這件事時，他卻已經完全不記得了。

當時他是其他部門的職員，我和他在不同的樓層工作，對於他因為沒受過我責罵而難過的心情，我感到非常詫異。

對部屬而言，主管不把自己當一回事的態度，比什麼都讓他難過。做得好

不會獲得讚美，做得不好也得不到責罵，這種遭到冷落、漠視，既沒有期待也

不會要求，似乎被人討厭的感受，我想絕大多數人都不會歡喜的。

為了避免部屬產生這種想法，主管就必須具備公平責罵團隊所有成員的意

識。假如犯同樣的錯誤，某個部屬你就嚴厲指責，另一位你卻輕輕放下，這樣的

主管絕不會得到部屬的信賴，只會讓所有人覺得你不過對哪個人偏心罷了。

每個人都希望獲得他人的好評，都會有受到敬重的欲望，身為團隊的領頭

主管，無論部屬的年齡或性別，對於每一個人的感受，都必須同等看待。當你

只責罵特定的某些人時，只會被誤解為你有位偏心的主管。

主管要推動提升的是整個團隊，不要有選擇性的責罵，公平誠摯對待每一

個人，你將獲得全體伙伴的信任與愛戴。

Point

責罵不能有條件，該罵則罵，部屬才會信服。

分享失敗，縮短和部屬的心理距離

大家經常說：「厲害的選手，不一定會是高竿的教練。」許多過去馳名全球的明星球員，當上教練後卻沒有像擔任選手時的成功。反過來說，讓人耳熟能詳的知名教練，之所以擁有如此成就，並非全然因為他們過去能投或擅打的天才能力。

無庸置疑地，這個道理放在職場工作上也同樣適用，個人表現優異的職員，未必能成為一個優秀的主管；一個出色的主管，也不盡然在當部屬時樣樣都能出類拔萃。

「我過去都做得到，你為什麼沒辦法呢？」特別是像這樣以自己過去的成就否定部屬，是很糟糕的心態，只會削弱他的自信和熱忱。

責罵不是要否定部屬的人格，是要讓他發現自己的缺點，以及找到可以改

善的方法，最後幫助他得以成長。

為了達成這個目的，你可以把自己失敗的具體經驗拿來談談：「我也曾失敗過，後來是這樣克服的……」這是責罵部屬很有用的手法，對於部屬而言非常有幫助。

運用自己過去的失敗經驗，作為責罵時的參考教案，將會產生三種效果：

第一個效果，是**縮短自己和部屬的心理距離**。假如主管讓人覺得很完美，部屬就容易不敢親近，會產生自卑感，覺得自己根本達不到，甚至到了最後會有「你就是很行，而我們都很無能」的反彈情緒。反過來說，失敗也是主管可愛的地方，易於讓部屬想要親近，也會有共鳴。

第二個效果是**創造一個可以談論失敗的坦率環境**。沒有人可以凡事一帆風順，一生當中多多少少會嘗到失敗的滋味。透過自己失敗經驗的告白，你可以向部屬傳達**「失敗是改善的契機，是非常有價值的，所以沒什麼好隱瞞」**，如此讓整個團隊都樂意坦白，分享自己的失敗經驗。

第三個效果是帶給部屬從失敗中學習的積極態度。成功有成功的滿足感，失敗也並非一無是處，從失敗中汲取經驗與學習思考，所獲取的有時甚至比成功來得珍貴，也更會是未來大成功的奠基，你的失敗過去，可以教會部屬保持積極樂觀的效用。

「把你的失敗告訴朋友，代表你非常信賴他，這比把他人的失敗告訴朋友更富有信賴感。」美國的政治家班傑明・富蘭克林[16]如是說。

身為主管，就大方地把自己的失敗經驗，拿出來和團隊所有的伙伴分享。

Point

分享失敗，不會丟臉，而是縮短與部屬的心理距離。

16 班傑明・富蘭克林（Benjamin Franklin，1706年－1790年），美國著名政治家、科學家，同時亦是出版商、印刷商、記者、作家、慈善家；更是傑出的外交家和發明家。他是美國革命時重要的領導人之一，參與了多項重要文件草擬，並曾出任美國駐法國大使，成功取得法國支持美國獨立。

10

把責罵的理由推給他人，很不負責

我在二十多歲的時候，曾經當過公司董事長特別助理，他可是一位相當嚴格的人。

「那個人的服裝太邋遢了，你去嚴格指正他一下。襯衫的釦子要完全扣好才行，領帶也要繫好，別搞得歪歪斜斜的。」有時候他會指示我去做這樣的事。

我很不樂於對人數落這種事情，畢竟這麼做很容易招人討厭，也是我不喜歡的原因。因此我總是會跟對方說：「董事長要我告訴你⋯⋯」

某一天，董事長發現我的這個手法，對我說：「喂！你真是個膽小鬼。從今天起禁止你拿『這是董事長說的』當理由來糾正對方。你要把它當成是自己的責任，自己的意見說出來，這麼做是為了你好。」他這麼責罵我。

當時的我還不太懂，為什麼這是為我好？而且我為了要去做這件事而感到

痛苦萬分，但還是鼓起全部勇氣，把這些都當作是自己的意見來指責對方。但是，我也因此看出利用主管名義責罵他人的三大弊害。

首先第一大弊害就是，**失去別人對你的信賴**。

用主管名義來責罵，對方會感覺你只會體察上意，只看主管的臉色辦事，是為了自我保護才要我聽話遵從。如此，你的指導力便會大大降低，也不會有人覺得你值得信賴。

第二大弊害是，**無法傳達出自己的真意**。

如同方才我自己的實例，董事長所想的是：「那樣的穿著方式會被人懷疑缺乏可信度，導致外人對公司失去信賴感，所以一定要改正過來，因此指示你去做好責罵工作，讓犯錯的人可以改善。」換言之，他這麼做無非是為了對方著想。

但是我卻用「董事長說你……」的方式來表示，這絕對無法把董事長的真實想法傳達給對方。

第三大弊害，是團隊工作產生混亂。

在這個案例中，我因為不想被討厭，所以利用主管名號來責罵對方，被指責的人會因為我的技倆，只會埋怨主管而不會對我憎恨，如此一來，公司內部會產生不和諧的聲音，也有可能產生打亂團隊工作的情形。

況且你運用「上頭的人這麼說你」，這種沒有魄力的責罵方式，對方也不太可能聽從，到頭來錯誤沒得到改善，團隊組織還因此產生隔閡。

你的缺乏勇氣與不負責的態度，並沒有為你或團隊帶來任何好處，而且還會產生如此三大弊病，這不是一個優秀有擔當的主管會做的事。

Point

把責罵理由推給他人，只會讓自己和團隊都失分，沒有任何好處。

11

年紀比你大的部屬，該怎麼責罵？

一般來說，大家都不太喜歡比自己年長的部屬，總覺得他們很難使喚。只不過，如果主管自己就對他們敬而遠之，以不面對、不接觸的態度相處，那麼對方也會感受到，彼此的人際關係就會產生齟齬。

假如你手下有年紀比你大的部屬，當他事情做得不盡理想時，你該怎麼辦、怎麼責罵呢？

以下三個要點，是你必須要注意的：

首先，你要**顧慮到對方的自尊心**。

對於自己年紀大過主管，卻屈居於麾下的這些年長部屬，內心很可能感到顏面無光，如果又遭年輕主管的責罵，面子更會掛不住，不滿情緒極可能會比其他人來得多。正因如此，如果在大庭廣眾加以責罵，就會過度地傷害到他們

的自尊心，這是不太恰當的做法。

責罵時，也盡可能不要表現出是在質疑對方的能力，類似「這種事情你也做不來嗎？」的言詞，只會對他丟臉的感覺火上添油，一定要避免使用，否則對方或許會因此心懷恨意，開始妨礙你的各項事務推展。

第二個要領是，與他們相處，要有保持應有的禮貌。

你無法避免有事要他經手處理，但不因為對方是自己部屬，就用這種命令式口氣地說：「你去給我幹麼幹麼」，而是要用比較客氣的口吻會比較好，即便用上「請、您」也無所謂，這不會損傷你主管的權威。

所謂的主管，不過是在工作場合暫時被授予的角色罷了，別忘記對方在其他方面會是你人生的前輩。

第三個要領，是表達出你對他的期待。

當需要責罵對方時，可以使用一些說話技巧，讓他先感受到你對於他的期待。你可以先這麼說：「我希望你能成為大家的模範」，或者是「我希望你能

夠幫我培育大家」，宣示他在團隊中的角色，然後再責備地說：「所以請你不要做這樣的事情。」

顧慮到對方的年齡和經驗，有禮貌地跟他相處，對方也會賣力地發揮自己的力量與所長。然而，我們不免會碰到即便再怎麼顧慮，就是會倚老賣老、不乾不脆的反抗者，此時你可視個別狀況處理，真不行的話，你也無須太容忍，直接予以斷然斥責。

Point

顧慮老資格部屬的自尊心，有禮貌的表達你的期待。

12

年輕人只要被罵就受傷，怎麼辦？

雖然我個人不太喜歡時下對於年輕人的感嘆，然而隨著社會的變遷，在少子化、核心家庭化的結構現象當中，年輕一代在成長過程中受到過度保護，這點是不爭事實。

近年來，從小擁有自己的房間，經常獨自一個人玩電視遊樂器長大的小孩變多了，他們多在不需要顧慮家人和朋友的環境下成長。而且，即使在可以學習協調性和集體生活的學校，也變得較以前寬鬆，不再有嚴格要求，多以尊重個性為主要前提。缺少「為了第三者要控制自己，壓抑自己」的經驗，越來越多的孩子長大後無視周圍的人。

他們自從懂事以來，就被許多電腦科技所包圍，較上一代熟悉如何使用應用軟體，和炫目複雜的電腦遊戲。然而原本應該透過自己不斷嘗試錯誤，找出

攻略方法為樂趣的電腦遊戲，大多數的現代年輕人，卻選擇直接購買遊戲的完整通關攻略，直接套用。

從他們這樣的作為，可以了解當今年輕人的想法——「避開揮汗的辛苦，一切講求速成」，面對這樣的現象，也是無可奈何的事情。

一般來說，**有許多這樣的年輕人不習慣被斥責**，只要主管稍微訓斥一下，就會深受傷害，就會認為自己「被瞧不起」、「被否定」，並且產生「為什麼我要被罵呢？」的念頭，然後為此感到憤怒不已。

面對這樣的部屬，你該如何跟他們相處才好？他們不明白「愛之深，責之切」的道理，也不懂得要把被罵當作是改進的契機，如此自己將會成長。因此，為什麼責罵他、對他有什麼期待，這些你都要仔細地表達清楚，對於他該改進的地方也要給予具體建議。**在責備的同時，你必須好好溝通**，直至他能夠接受，才算大功告成。

德國大思想家歌德[17]曾說過：「如果你依照一個人的現狀，他就不會改變；

---

17 約翰・沃爾夫岡・馮・歌德（Johann Wolfgang von Goethe，1749年－1832年），德國戲劇家、詩人、自然科學家、文藝理論家和政治人物，為魏瑪古典主義最著名的代表。他是最偉大的德國作家，也是世界文學領域最出類拔萃的光輝人物之一。

193　第 4 章　最有效的職場責罵技巧大公開

但如果你以他應有的模樣來看待，對方就會變成你所期待的模樣。」

即使成長的環境不同，無論什麼世代的人其本質都是不變的。在心中描繪出應有的模樣，多花點時間培育他們。

Point

責罵的同時也要溝通清楚，直到他們接受。

13

責罵後的「關照」，比罵本身更重要

責罵之後，你該照顧的是什麼呢？是安慰受你責罵的部屬嗎？有些人為了維繫與部屬關係，或者基於不好意思的心態，會在責罵後給予部屬安慰，認為這就是對部屬的關愛和照顧，但這麼做是錯的。

部屬遭到主管責罵之後，必然會有一定的緊張感，這時你若靠過去對他說：「真是不好意思，剛剛我言重了」，如此一來，你的主管威信將會蕩然無存，並且部屬也很可能會因此疏忽，放棄改善的作為。

輕率的安慰，會讓費盡苦心的責罵失去了意義。

之後，你應該要依照下列三個步驟進行，才能延續責罵的效果⋯

第一個步驟是**主動打招呼跟說話。**

當部屬受到斥責之後，多少會有「主管討厭我」的誤解，在這種時候你應

該更要注意，積極地跟對方打招呼和主動說話。

第二個步驟是仔細觀察部屬的作為。

部屬並不一定會因為你罵過一次，就能夠完全理解你所斥責的內容。你必須主動詢問：「現在做的還順利嗎？有沒有什麼問題呢？」確認他沒有困擾或是不明白的地方。

第三個步驟是有所進展時，就要積極讚美。

看看責罵後的結果，即便只有那麼一點點的進展，也要請你不吝嗇地給予部屬讚美。

倘若尚未有成果出現，你也要給予鼓勵：「你不也正在努力當中嗎」，讚美他對工作的處理方式與努力。當被看見、被認可，部屬的自信和熱忱就會提高，就能夠積極地往前邁進，尋求改善對策。

不用擔心稱讚這點小事會讓部屬得意忘形，把被責罵當做起點，讓部屬體驗到成功，這是很重要的激勵。

責罵後所做的事，比起責罵本身更直接影響到部屬的成長，身為主管不要光只是罵人，還應該要觀察之後的作為，積極地支持部屬，這樣才是正確的。

Point

不只責罵，也要給予支持、讚美，即便只有一點點成果。

好主管，就該扛起「責罵」的勇氣

人的內心是很脆弱的，容易在問題產生之時不敢面對挑戰，於是開始尋找各式各樣的藉口，好讓自己可以逃跑。然而，無論是什麼困難，只要勇敢地正面接受，人的能力就會因此得到成長。

讓我們來想像一下，在「主管之路」上有兩個人，一個空著手輕鬆地走著，另一個則是背著沉重行李，辛苦地往前邁進。

當然，兩手空空的人肯定會比較輕鬆，只不過他也因此無法鍛鍊出什麼力量。另一個扛著沉重行李的人，必然是很辛苦地一步步往前走，他一邊揮著汗水，甚至眼眶還可能噙著淚水。沉重的行李讓人的力量一點一滴的增加，於是他比空手的人將擁有更多的力量。再者，持續經過了一段時間後，當他習慣了

行李的重量而不再感到辛苦時，就會在不知不覺中，能夠挑得起更重的東西。

就任公司的管理職，就是要背上相當程度的行李，假如為了逃避眼前的痛苦，不帶行李上路的話，那便得不到任何力量，而且過了不久之後，你會面臨更痛苦的狀況，就像前面提到「不責罵」的壞處。

即便一開始很辛苦，上路時，也要把行李背上身，就算整個人快因此倒下，也要拚命忍耐，在重複的失敗中堅持與學習下去，你就會一點一滴的得到「領導」的力量。

責罵對我們來說，也許是一件結實沉重的行李，如果因為討厭就逃避，那麼永遠也都無法磨練出能力。

請你相信自己，拿出勇氣來責罵部屬吧，也許很難在剛開始就順順利利。

部屬根本無動於衷、怎麼罵都看不到可觀的成長，我相信這樣的衝擊、挫折在所難免。不過，即使如此，你也要堅持地責罵，縱然要面對好多次的失敗，也不可以退縮，因為唯有跨越這些辛勞，持續地往下走，你才能夠獲取強大的力

量，才能成長為一位真正的好主管。

我衷心祈禱各位將來都能成為十分幹練的主管，並且能在商業職場上變得更出色，更活躍。

最後，我要感謝在出版上大力幫忙的株式會社ＰＨＰ編輯團隊的各位，特別是擔任編輯的見目勝美小姐。

翻轉學 翻轉學系列 059

好主管一定要學會責罵的技術

主管這樣罵人，部屬感激你一輩子【暢銷新裝版】

ビシッと言っても部下がついてくるできる主管の叱り方

作　　者	嶋田有孝
譯　　者	張婷婷
總 編 輯	何玉美
主　　編	林俊安
責任編輯	袁于善
封面設計	張天薪
內文排版	許貴華

出版發行	采實文化事業股份有限公司
行銷企畫	陳佩宜・黃于庭・蔡雨庭・陳豫萱・黃安汝
業務發行	張世明・林踏欣・林坤蓉・王貞玉・張惠屏
國際版權	王俐雯・林冠妤
印務採購	曾玉霞
會計行政	王雅蕙・李韶婉・簡佩鈺
法律顧問	第一國際法律事務所　余淑杏律師
電子信箱	acme@acmebook.com.tw
采實官網	www.acmebook.com.tw
采實臉書	www.facebook.com/acmebook01

Ｉ Ｓ Ｂ Ｎ	978-986-507-354-1
定　　價	320 元
二版一刷	2021 年 5 月
劃撥帳號	50148859
劃撥戶名	采實文化事業股份有限公司
	10457 台北市中山區南京東路二段 95 號 9 樓
	電話：(02) 2511-9798　　傳真：(02) 2571-3298

國家圖書館出版品預行編目資料

好主管一定要學會責罵的技術：主管這樣罵人，部屬感激你一輩子【暢銷新裝版】/ 嶋田有孝著；張婷婷譯 . –
台北市：采實文化，2021.5
208 面；14.8×21 公分 . --（翻轉學系列；59）
譯自：ビシッと言っても部下がついてくるできる上司の叱り方
ISBN 978-986-507-354-1（平裝）
1. 管理者 2. 人事管理
494.23　　　　　　　　　　　　　　　　　　　　　　　110004093

ビシッと言ってても部下がついてくるできる上司の叱り方
BISHITTO ITTEMO BUKA GA TSUITEKURU DEKIRU JOSHI NO SHIKARIKATA
Copyright © 2013 by Aritaka Shimada
Original Japanese edition published by PHP Institute, Inc.
Traditional Chinese edition copyright ©2021 by ACME Publishing Co., Ltd.
This edition published by arrangement with
PHP Institute, Inc., Tokyo in care of Tuttle-Mori Agency, Inc., Tokyo
through Future View Technology Ltd., Taipei.
All rights reserved.

采實文化　采實文化事業有限公司

104台北市中山區南京東路二段95號9樓

采實文化讀者服務部　收
讀者服務專線：02-2511-9798

ビシッと言っても部下がついてくるできる上司の叱り方

好主管一定要學會
責罵的技術

主管這樣罵人，
部屬感激你一輩子

帶著感情罵人，
成為值得追隨一輩子的
人氣上司

暢銷
新裝版

嶋田有孝——著　張婷婷——譯

翻轉學 系列專用回函

系列：翻轉學059
書名：好主管一定要學會責罵的技術

讀者資料（本資料只供出版社內部建檔及寄送必要書訊使用）：

1. 姓名：
2. 性別：□男　□女
3. 出生年月日：民國　　　　年　　　　月　　　　日（年齡：　　　　歲）
4. 教育程度：□大學以上　□大學　□專科　□高中（職）　□國中　□國小以下（含國小）
5. 聯絡地址：
6. 聯絡電話：
7. 電子郵件信箱：
8. 是否願意收到出版物相關資料：□願意　□不願意

購書資訊：

1. 您在哪裡購買本書？□金石堂（含金石堂網路書店）　□誠品　□何嘉仁　□博客來
　□墊腳石　□其他：＿＿＿＿＿＿＿＿＿＿＿（請寫書店名稱）
2. 購買本書日期是？＿＿＿＿年＿＿＿＿月＿＿＿＿日
3. 您從哪裡得到這本書的相關訊息？□報紙廣告　□雜誌　□電視　□廣播　□親朋好友告知
　□逛書店看到　□別人送的　□網路上看到
4. 什麼原因讓你購買本書？□對主題感興趣　□被書名吸引才買的　□封面吸引人
　□內容好，想買回去做做看　□其他：＿＿＿＿＿＿＿＿＿＿＿＿＿＿＿＿＿＿＿（請寫原因）
5. 看過書以後，您覺得本書的內容：□很好　□普通　□差強人意　□應再加強　□不夠充實
6. 對這本書的整體包裝設計，您覺得：□都很好　□封面吸引人，但內頁編排有待加強
　□封面不夠吸引人，內頁編排很棒　□封面和內頁編排都有待加強　□封面和內頁編排都很差

寫下您對本書及出版社的建議：

1. 您最喜歡本書的特點：□實用簡單　□包裝設計　□內容充實
2. 您最喜歡本書中的哪一個章節？原因是？
＿＿＿＿＿＿＿＿＿＿＿＿＿＿＿＿＿＿＿＿＿＿＿＿＿＿＿＿＿＿＿＿＿＿＿＿＿
＿＿＿＿＿＿＿＿＿＿＿＿＿＿＿＿＿＿＿＿＿＿＿＿＿＿＿＿＿＿＿＿＿＿＿＿＿
3. 您最想知道哪些關於自我啟發、職場工作的觀念？
＿＿＿＿＿＿＿＿＿＿＿＿＿＿＿＿＿＿＿＿＿＿＿＿＿＿＿＿＿＿＿＿＿＿＿＿＿
＿＿＿＿＿＿＿＿＿＿＿＿＿＿＿＿＿＿＿＿＿＿＿＿＿＿＿＿＿＿＿＿＿＿＿＿＿
4. 人際溝通、說話技巧、自我學習等，您希望我們出版哪一類型的商業書籍？
＿＿＿＿＿＿＿＿＿＿＿＿＿＿＿＿＿＿＿＿＿＿＿＿＿＿＿＿＿＿＿＿＿＿＿＿＿
＿＿＿＿＿＿＿＿＿＿＿＿＿＿＿＿＿＿＿＿＿＿＿＿＿＿＿＿＿＿＿＿＿＿＿＿＿

翻轉學

翻轉學